The Sustainable Road, The Impressed Shapes in the Road

지속가능한 길
그 속에 깃든 모습들

길 전문가 **손 원 표**

도서출판 **반석기술**

소통하는 길, 이어주는 길...

　우리는 '길' 위에서 살아간다. 인생이 '길'이고 우리가 추구하는 것이 모두 '길'이다. 길은 '소통'이 목적이며 장소와 장소, 지점과 지점, 개인과 개인을 이어주는 역할을 하며 길 위에서 소통이 이루어지고 길은 나를 세상과 관계를 맺게 해주는 통로가 된다.

　언제부터인가 과정보다는 결과에 집착하고 '빨리빨리'에 젖어버린 우리 사회에서 '길'은 오직 달리는 기능만 존재하는 곳으로 변모하고, 안전을 빌미로 온갖 과다한 시설물이 들어서고 그래서 사람과 차량을 물리적으로 분리시켜 점점 사납고 황량한 모습으로 바뀐 열악한 도로환경에 중병을 앓고 있다.

　지속가능성을 추구하는 21세기에 즈음하여 이제는 기능성, 경제성, 안전성 일변도에서 벗어나 도로의 역할과 기능, 자연과 환경, 인간의 조화를 생각하고 다양한 분야의 소양과 창의적이고 융합적인 사고를 접목시켜 '삶의 질' 향상에 부응하는 품격 있는 도로를 창출하여 로마시대 아피아가도처럼 인류의 문화유산으로서 현재를 넘어 미래까지 이어지도록 하는 인식을 가져야 한다.

　2000년대에 들어서 편안하고 소통하는 길을 추구하며 우리나라의 도로와 선진 외국의 도로를 답사하면서 아름답고 편한 길을 찾는 발걸음을 내디뎠다. 내친 김에 아예 국도를 시점부터 종점까지 며칠에 걸쳐 답사하며 무엇이 제대로 된 것이고, 무엇을 고쳐야 할 것인지 동료, 후배들과 고민하고 소통하는 기회를 가졌고, 선진국의 도로를 달리며 그들이 추구하는 인간을 배려하고 자연과 공존하는 도로는 어떤 것인지를 답사하며 삼매경三昧境에 빠져 새로운 깨달음 속, 희열에 잠기기도 했었다.

우리가 추구하는 품격 있는 도로는 지속가능하고 안전성, 기능성, 경제성 뿐만 아니라 시각적으로 즐거움을 주는 도로미학의 다양함이 스며든 자연과 사람들과 소통할 수 있는 도로가 되어야 노자老子가 도덕경에서 설파한 "도가도비상도道可道非常道" 사상이 녹아들어 사람들이 누구나 친근하게 가까이 다가갈 수 있는 조화롭고 편안한 모습으로 자리 잡을 것이다.

2021년 신축년 봄날

길 전문가 **손 원 표**

경관과 문화를 품은 지속가능도로 만들기

   길이 발전하여 도로가 되고, 도로가 한 걸음 더 나아가서 경관도로가 되고 문화도로가 되고 있습니다. 이 과정에서 저자가 있고, 저자의 열정이 담겨 있습니다. 그런 애정 어린 시선과 지혜를 담아 이 작품집을 내놓는 것으로 생각됩니다.

   저자와는 여러 해 동안 도로경관과 문화를 주제로 함께 연구와 작업을 해 왔습니다. 우리나라 서쪽의 남단 목포에서 북단 신의주에 이르는 국도 1호선을 도로의 경관과 문화를 생각하며, 우리가 현재 갈 수 있는 파주까지 함께 답사한지 엊그제 같습니다.

   그 이후로 저자가 내륙을 가로지르고, 해안을 달리는 주요국도 노선에 대해 자연과 역사, 문화와 공학적 관점에서 다양한 시선을 글과 사진, 스케치로 풀어놓은 이 책자는 이 분야의 보물 같은 기록입니다. 또한 대표적인 선진국의 여러 답사 사례를 포함하여 소개한 내용들은 국내 도로경관과 도로문화 조성에 많은 기여를 할 수 있을 것입니다.

   이 책은 과거와 현재를 살펴보고 미래까지를 넘나드는 지속가능한 길의 경관과 문화, 환경을 다시 한 번 생각하게 합니다. 도로의 문화와 경관, 환경을 아우르는 다양한 체험에서 기술을 돋보이게 하고, 그 과정에서 새로운 역사를 써가는 저자의 솜씨에 찬사를 보냅니다. 특별한 책자를 내서 소중한 철학과 내용을 공유해 주신 손원표 원장님께 감사드립니다.

안녕도원 대표 **노 관 섭**

"봄날의 모악산에 오르니"

어머니의 넓은 품처럼 편안한
맑은 옥정호를 감싸 안고 뻗어 내린
영산 모악산에 숨 가쁘게 올라서니

아른아른 봄 아지랑이 속 밀려오는
눈부신 대지에 가득한 봄기운이
백두대간 산허리를 감돌아 솟구치네

겨울 속 긴- 기다림, 다급한 마음에
잎사키 시샘하며 내쳐 터 뜰인 꽃송이
만발했던 계절은 꽃바람에 흩날리고

연분홍 세상은 화려한 연초록 물결로
봄의 절정은 어느새 초여름 길목에서
산바람에 퍼져가는 꽃향기를 아쉬워 하니

봄을 맞이하던 가슴 벅찬 설레임도
이제는 헤어지는 길손들 마음처럼
한 곳에만 마냥 머물 수 없어
떠도는 구름조각에 애틋함 실어가네

2007년 4월 모악산, 손원표

차 례

- 국도1호선 경관을 찾아서 ··· 9
- 한반도 내륙을 가로지르는 국도3호선 ···································· 23
- 푸른 꿈과 낭만을 찾아가는 국도7호선 ·································· 45
- 길의 정체성을 찾아 떠나는 국도48호선 ································ 59
- 국도35호선 봉화군 명호면~법전면, 삼동고개 ······················ 75
- 한계령 길, 지속가능한 Eco Road로 가는 길 ························ 87
- 길 위의 역사, 옛길 문경새재 ·· 101
- 추억의 흔적을 찾아가는 전주한옥마을 ································· 116
- 남해안 지역의 교량경관과 문화, 역사를 찾아서 ·················· 127
- 광화문에서 삼청동, 성북동으로 걷는 길 ······························ 141
- 호주의 그레이트 오션 로드와 그랜드 퍼시픽 드라이브 ······· 151
- 미국 서부지역의 도시교통환경 둘러보기 ····························· 163
- 독일의 생활도로, 본 슈트라세와 교통환경 ·························· 178
- 독일의 Autobahn을 달리면서 무엇을 느꼈는가 ··················· 189
- 친환경·인간중심·문화가 어우러진 네덜란드 ························ 198
- 일본 큐슈풍경가도 돌아보기 ··· 209
- 북해도 중앙자동차도로와 풍경가도 ······································ 221
- 노르웨이 국립관광도로와 핀란드 Green Highway ·············· 227
- 도로문화 속에서 경관의 자리 잡기 ······································ 238

국도1호선 경관을 찾아서

프롤로그

'국토의 풍경에는 그 나라 국민의 바탕과 지성이 담겨있다'는 말이 있다. 아름다운 국토풍경을 만들어야 하는 이유는 아름다운 나라에서 훌륭한 인재가 배출되고 미래의 꿈을 펼치게 되기 때문이다.

북유럽 사람들은 '인간과 자연의 공존'을 강조하여 자연유산과 문화유산에 대한 깊은 존경심을 가지고 자연 속 무한한 공간을 마음 속 공간으로 담아내며, 자연 속에서 훈련된 마음의 눈으로 사물을 바라보고 그것을 생활 속 디자인으로 표현하고 있다.

경관이 아름다운 길은 도로의 기능뿐만 아니라 주변 환경과 조화를 이루며, 경관, 생태, 심미적 가치를 창출하는 개념의 도로이며, 이제 도로는 '토목시설물의 생산'에서 '도로문화의 창출'로 패러다임의 전환점에 서있다.

전라남도 목포시에 위치한 '국도1호선 기점'을 둘러보러 가는 마음은 한강의 발원지인 태백산 검룡소를 찾는 순례자의 마음처럼 경건함과 설렘이 교차되는 긴장감 속 나른함이라 할까? 목포에서 신의주까지 939km, 분단의 휴전선으로 닿지 못하는 통일대교까지 499km의 먼 길이다.

지난 6월 목포시 죽교동에서 고하도까지 개통되어 목포의 명물이 되었다는 사장교 형식의 '목포대교', 이순신 장군이 명량해전 이후 진도 벽파진에서 서쪽으로 기지를 옮겨 수군 재건에 힘을 쏟은 장군의 얼이 살아 숨쉬는 '고하도', 왜적을 물리치기 위해 짚과 섶으로 덮어 군량미처럼 보이도록 했다는 역사의 흔적을 간직한 유달산 '노적봉', '길'이 지나가는 주변에 숨 쉬고 있는 역사와 문화, 전통의 흔적은 어떠한 모습으로 다가올 것인가?

굽이굽이 도는 계곡과 하천을 따라 길을 달리며 다가오는 자연의 경이로움에 감탄하였던 1970년~80년대의 정취는 으스름한 추억 속에서만 찾아볼 수 있는 것인지, 70년대 후반 몹시 가물었던 오월 하순 자갈길 저벅거리며 계룡산 넘어 박정자 삼거리를 지나 유성으로 돌아오던 국도1호선 옛 추억의 흔적은 찾을 수 있을 것인지, 국도1호선의 경관을 찾아 떠나는 마음은 설렘과 조바심으로 뒤섞이고 있다.

목포에서 나주까지

이번 국도1호선, 목포에서 파주까지 499km구간의 경관조사는 우리나라의 국도 중 대표격인 1호선 전 구간 답사를 통하여 일반국도의 도로경관 현황을 파악하고 경관의 개선방향을 제시하여 현재 이슈가 되고 있는 도로경관설계의 기술기준을 정립하고 사례를 연구할 목적으로 한국건설기술연구원과 동부엔지니어링 합동으로 수행되었다.

▎국도 1호선 노선도

■ 일정 및 이동경로

일 자	이 동 경 로
7/31 (화)	서울 – 목포 → 목포대교 – 무안 – 함평 – 나주 – 광주(송정동, 상무지구)
8/1 (수)	광주 – 장성 – 장성호 주변 – 정읍 – 태인 – 김제 – 전주(한옥마을) – 삼례 – 논산 – 계룡
8/2 (목)	계룡 – 계룡산 통과 – 세종시 – 조치원 – 천안 – 오산 – 평택 – 수원 (나혜석거리, 1호선 구간)
8/3 (금)	수원(화성) – 의왕, 군포 – 안양 – 광명 – 서부간선도로 – 은평구 – 통일로 – 파주 – 문산 – 통일대교 – 임진각 – 자유로

목포시내 구일본영사관 아래에 서있는 「국도1,2호선기점」 비석은 이전에 있었던 옆자리에서 이전되었다는데, 「국도2호선기점」은 별도로 옮겨가고 실제로는 「국도1호선기점」이 된다. 그런데 이마저도 지난 6월에 목포대교가 개통되어 목포대교 남단인 고하도 내 충무동으로 옮겨가야 할 어정쩡한 상황에 있다.

목포시가지를 거쳐 무안, 함평, 나주로 이어지는 구간은 4차로~8차로의 횡단구성으로 녹지중분대가 조성되어 있는 일부 시가지구간을 제외하고는 지방부의 전구간은 가드레일, 현광방지망 부착 가드레일 중앙분리대가 교차로 구간을 제외한 전 구간에 설치되어 있으며 교통섬 구간에도 주홍색의 시선유도봉이 마치 황소개구리처럼 모든 곳을 점령하고 있었다.

전반적으로 일률적인 가드레일 중앙분리대, 필요 이상의 방현망, 빠짐없이 빼곡히 박혀있는 시선유도봉 등 과다한 시설물은 도로의 경관을 훼손시키고 주행자의 심리적 부담감을 가중시키며, 오히려 과속주행을 유도하는 인상마저 주고 있었다.

또한, 획일적으로 조성된 지방부 4차로 구간의 포준횡단면은 주행자가 달리고 있는 지역을 제대로 인식하지 못한 채, 지속적인 과속주행 상태에 있게 하는 도로안전상의 문제점에 노출되고 있음을 인지할 수 있었으며, 교차로 통과차량의 과속주행은 교통사고 발생 위험을 높이고 있었다.

■ 국도 1호선 목포기점   ■ 목포대교 전경

■ 나비축제의 고장 함평 통과구간   ■ 광주광역시 통과구간

질주만이 존재하고 있는 도로공간에 녹지를 도입하고 심리적, 환경적 효과를 고려하여 주행자의 시각적 편안함과 심리적 안정감을 확보하며, 교차로 구간에 석재포장, 블록포장, 유색포장 등 이질포장을 반영하여 교통정온화를 유도할 필요성이 떠올랐다.

나주에서 장성까지

4대강사업 나주보 구간의 나주대교를 지나 광주광역시를 거쳐 장성으로 진행되는 국도1호선 구간 역시 장성읍까지는 최근 4차로가 개통되어, 광주에서 장성으로 갈 때 고갯길을 올라 장성읍을 내려다보던 재봉산 못재길의 전망은 못재터널 속으로 사라지고 호남고속도로와 붙어 부체도로처럼 개설된 신설도로는 고속도로의 삭막함이 국도공간에까지 확산된 부담을 주고 있었다.

다행히 장성호를 둘러가는 기존2차로는 편안하게 경관을 감상할 수 있는 여유를 담고 있었으나 이마저도 4차로가 개설되고 나면 도로에서 바라볼 수 있는 내장산국립공원과 어우러진 장성호의 아름다운 수변경관은 느끼기 어려워질 것 같아 안타까웠다.

■ 장성군 북하면 구간 내부경관

북하면에 조성된 장성호관광지의 북상공원은 초대 민선군수의 치적을 부담스러울 정도로 홍보하고 있지만 위락단지와의 차별성을 찾기 어려울 정도로 공원의 정체성이 무엇인지를 다시 한 번 생각하게 하였다.

■ 장성호 통과구간 외부경관

정읍에서 전주까지

해발 734m 방장산 우측 산자락으로 통과하는 아기자기한 모습의 2차로 도로는 4차로 도로계획이 장성군 북이면 소재지를 우회하여 내장산 국립공원 산자락으로 붙어 조성되면서 내장산의 원경을 조망하는 시각적 즐거움은 아쉽게도 추억 속으로 접어야만 할 것이다. 다행히도 정읍~태인 구간은 도로계획의 기본에 충실한 설계가 적용된 모범사례로서 종단선형에 컨케이브

▎정읍~태인간 편안한 내부경관

▎전주한옥마을

concave기법, 평면선형에 곡선삽입기법 등을 적절히 조합하여 시거확보와 경관 측면에서 쾌적한 주행을 할 수 있는 사례가 되었다.

하지만 도로 양쪽 길 어깨 쪽과 비탈면 식재로 삭막한 도로공간을 보완하고 정온화 하는 관점에서 접근할 필요성이 제기되었으며, 김제군 금구면~전주시 효자동 구간은 기존 2차로를 최대한 활용한 확장구간으로 전반적으로 편안한 분위기를 나타내고 있으나 과다한 중앙분리대 시설물로 경관저해가 되고 있는 점에 대한 경관개선이 필요한 것으로 판단되었다.

기존의 국도 1호선 전주 구간은 전주 시내를 통과하였으나, 최근에는 우회도로가 개설되면서 전주 시내와는 무관하게 외곽으로 통과하고 있다. 이번 답사에서는 전주의 대표 지역인 전주한옥마을의 전통취락지역 경관을 살펴보기 위하여 기존의 국도1호선으로 향하였다.

전주시 외곽의 신시가지 구간은 녹지중앙분리대, 연도변 시설녹지의 충분한 확보로 내부경관과 녹지네트워크가 양호하였으며 전주시 외곽지역도로와 신시가지구간의 도로횡단면 연계성 확보 관점에서 전반적인 녹지네트워크 조성계획이 반영되어야 할 필요성이 제기되었다.

전주에서 익산까지

전주 시내를 통과하는 구간은 시가화 된 지역을 통과하여 전주I.C 부근에서 국도26호선과 교차되어 만경강을 가로지르는 삼례교와 삼례읍을 지나 왕궁면, 금마면으로 나아가고 있으며, 왕궁리에서는 역사문화경관인 왕궁리 유적인 오층석탑을 달리면서 조망할 수 있었다.

▌전북-충남 경계 쟁목고개 생태통로　　▌익산시 여산면 쟁목고개 전경

이 지역은 노선 주변에 백제시대 유적인 미륵사지, 왕궁리 유적 등이 산재해 있는 것이 특징인 대표적인 전원경관 지역을 통과하고 있다. 이 지역에서는 현재 공사 중인 전남 나주지역의 생태통로를 제외하고 처음으로 두 곳의 생태통로가 왕궁면 용화재(쑥고개)와 충청남도 경계지점인 쟁목고개에 설치되어 친환경도로 조성의 흔적이 보여 만족스러웠으나 생태통로 상부식

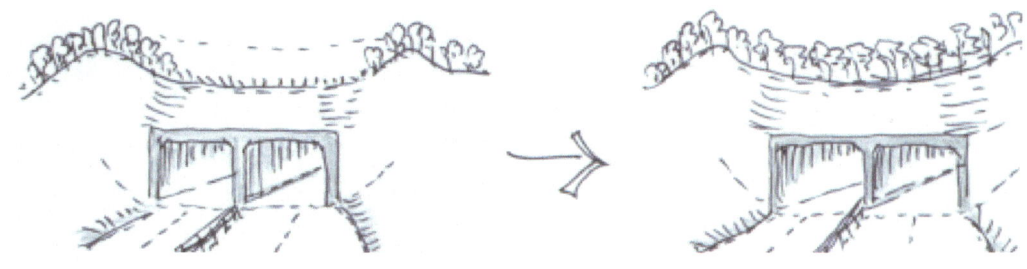

▌생태통로구간 개선방안

재가 이루어지지 않아, 생태통로 상부에 식재를 하여 양쪽 기존 수림과 연계성을 확보하고 차단벽으로 야간에 불빛을 차단하여 야생동물이 통행에 방해를 받지 않도록 배려해야 할 것으로 판단되었다.

논산에서 세종까지

논산 시내를 통과하는 구간은 양쪽으로 가로변 식재가 양호한 상태로 편안한 거리풍경을 보이고 있어 안도하였으며, 계룡시에서 대전광역시로 가는 길 역시 과다한 중앙분리대 시설이 부담스러웠지만 그나마 기존 2차로를 활용한 4차로 확장으로 전반적으로 편안한 느낌을 주고 있었다.

계룡산국립공원을 통과하는 계룡터널 구간은 수려한 산악경관이 연출되고 있었으나 뛰어난 경관을 감상할 수 있는 전망공간이 확보되지 않아 잠시 스치며 달려가는 분위기가 아쉬움을 더했다.

한창 신도시 건설에 여념이 없는 세종시는 금강을 가로지르는 아름다운 경관교량으로 상징성을 뽐내고 있었지만 중앙자전거도로 양측의 과다한 방호시설물, 지하차도의 부담스런 안전시설물은 아름답고 편안한 '녹색명품도

▌중분대 시설물 녹지대 대체 검토방안

▌곡선부의 수직적 처리방법과 수평적 처리방법

■ 계룡산국립공원 통과구간 　　　■ 충남 연기군 전동면 내부경관

시 세종시'의 컨셉과는 동떨어진 이미지였으며, 앞으로 10년 이상 건설이 진행되겠지만 적어도 세종시 구간을 통과하는 국도1호선은 도로경관이 정비된 명품도로로 거듭나야 하지 않을는지, 걱정스러웠다.

또한, 중앙분리대를 시설물 분리대와 상부 방현망을 조합 형태로 일률적으로 적용하는 것을 지양하고 지방지역, 도시지역, 녹지지역 등으로 차별화 하여 적용하도록 하며, 커브구간에서 수직적 처리방법(가드레일, 방현망)을 중앙분리대를 평면으로 이격처리 하여 이격된 공간에 녹지대를 조성하는 수평적 처리방법으로 개선하여 시거와 개방감을 확보하는 관점에서 개선할 필요가 있다.

세종에서 천안까지

세종시 구간은 신도시 건설에 따라 임시시설물과 공사 중인 도로가 산만하게 펼쳐져 있어, 전반적인 도로경관정비계획을 반영하여 편안하고 쾌적한 도로환경 조성관점에서 접근해야 할 필요성이 제기되었다.

천안 시내 일부구간에서는 채색된 개방형 가드레일로 교체하여 개방감 확보와 도시미관 향상에 긍정적인 사례를 제시한 것으로 인식되었으나, 지하차도 진출입구간 시설물 위주의 과다한 안전시설은 주행자에게 심리적 압박감을 초래하고 있어 폐쇄감과 압박감, 삭막함을 완화시키는 그린네트워크의 확보가 시급함을 인식하였다.

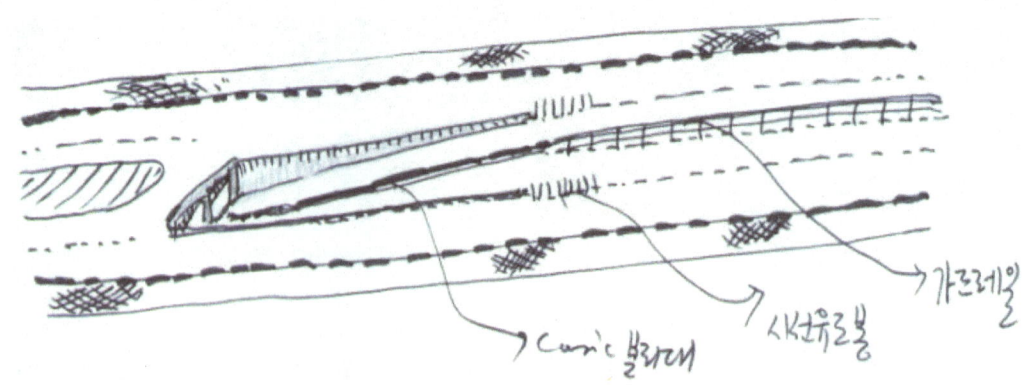

▌도시지역 지하차도 진출입구간 과다한 안전시설물

또한, 지방지역의 직선과 작은 곡선으로 구성된 오르막, 내리막 경사구간에서 곡선의 추가 삽입, 큰 곡선처리를 통한 종단, 평면선형 조정 등을 도입하여 원활한 주행환경을 확보하는 장기적인 관점에서 도로안전을 포함한 경관측면의 선형개량사업, 경관개선사업이 추진되어야 할 것이다.

▌국도1호선 천안시우회도로   ▌천안시내 통과구간

평택에서 수원까지

경기도 평택시의 송탄산업단지 주변은 시설녹지조성, 가로수식재로 도로경관이 양호하게 형성되어 있었으며, 시내구간은 녹지중앙분리대, 시설녹

▌녹지가 조성된 수원시 구간　　　　▌역사문화경관, 수원화성

지, 보도 쪽 띠녹지 조성으로 경관측면에서 우수하고 비교적 정온화 된 상태로 유지하고 있어 편안함을 느낄 수 있었다.

병점을 지나 수원 시내로 이어지는 구간에는 일부 고가차도 측면으로 설치된 높은 방음벽이 도시미관을 훼손하기도 하였으나, 시내구간에 녹지중앙분리대를 적극적으로 도입하고 보도의 복열 식재, 녹지축 조성 등 친환경 가로경관이 뛰어난 것으로 평가되어 세계문화유산인 '수원화성'의 역사문화경관이 더욱 빛을 발하고 있었다.

의왕에서 서울까지

북수원 쪽 지지대고개 상행선 방향에는 쉼터인 '효행공원', 하행선 방향에는 '지지대쉼터'가 국도1호선 상에서 제대로 조성된 유일한 쉼터로 자리 잡고 있어 지금까지 400여 킬로미터를 달려오며 변변한 쉼터를 찾지 못해 방황하였던 생각이 새삼스레 떠올랐다.

의왕시, 군포시는 6~8차로 도시지역 통과구간으로 기능성을 강조한 시설물 일색의 가로공간은 녹지공간 부족으로

▌경기도 안양시 비산동 구간

▎서부간선도로의 녹지중분대

황량하고 삭막한 회색도시의 분위기를 띠고 있었으나 안양시계로 진입하면서 녹지중분대, 연도변 시설녹지, 낮은 개방형 분리대 등 전반적으로 양호한 도시가로경관과 정온화 된 가로 분위기를 느끼며 편안한 주행을 할 수 있었다.

안양천을 따라 진행되는 서부간선도로 구간에 설치된 녹지를 기본으로 하고 편측 가드레일을 설치한 중앙분리대 형식은 도시가로에 도입되어야 할 경관성과 기능성의 조화를 이룬 사례로 평가되었으며, 측면 옹벽구조물의 벽면녹화는 친환경이 확보되어 만성 정체구간에서 주행자의 심리적 부담감이 어느 정도 경감되는 심리적 효과를 기대할 수 있다.

고양에서 통일대교까지

은평구 연신내의 통일로에 들어서서 은평 뉴타운을 오른쪽으로 하고 삼송리로 들어서니 벽제까지 좌우로 빼곡히 들어서고 있는 보금자리주택은 예전의 도시외곽 전원지역 분위기는 어디로 가고 삭막한 분위기에 가슴이 답답해 옴을 느꼈다. 더불어 앞으로 보금자리주택에 주민들이 입주했을 때 예상되는 교통문제, 환경문제가 걱정되어 불편한 마음이 떠나질 않았다.

통일로 벽제분리구간 이후로 편측보도, 가로변 식재 등 경관개선, 교통정온화가 이루어지고 있었으나 도로변 하천부지 내 과다한 체육시설물은 주행자의 시선 분산, 경관저해 요소로 경관정비의 대상으로 분석되었다.

벽제 이후의 통일로는 연도 변 식재상태가 양호하여 내부경관 측면에서 안정감을 연출하고 있었으나 관행적으로 설치된 과다한 중앙분리대 시설보

■ 통일로 벽제구간 내부경관　　　　■ 통일로 문산구간 외부경관

■ 국도1호선 답사종점 통일대교　　■ 통일대교 앞의 답사팀

다는 광폭의 노면표시, 연도 변 식재, 압축된 횡단면 등이 안전, 경관, 주행성 등 여러 가지 측면에서 오히려 긍정적인 효과를 나타내고 있으므로 구조물 설치를 최소화 한 개선사례가 될 수 있을 것으로 판단되었다.

　더 이상 답사를 진행할 수 없어 멈춰버린 채, 국도1호선을 3박 4일 동안 종주한 답사를 마무리 하는 기념촬영의 배경이 되어 버린 통일대교를 바라보면서 DMZ Demilitalized Zone를 넘어 개성, 평양을 거쳐 국도1호선 종점 신의주까지 달려갈 수 없음을 안타까워하며, 최근 들어 안보관광지역에서 위락관광지로 분위기가 변질되고 있는 외국인 관광객들이 경복궁에 이어 두 번째로 많이 찾고 있다는 임진각 전망대에 올라 임진강을 가로지르는 통일대교와 북으로 이어지는 국도1호선을 외부경관으로 마음에 담았다.

에필로그

지난 1994년 이래 18년 만에 찾아온 살인적인 더위가 말복으로 치닫는 8월 초에 이루어진 국도1호선 답사는 단편적으로 느껴왔던 일반국도 경관의 현황과 문제점 파악을 일반국도를 대표하는 상징적 노선에 대해서 일관성 있게 연속된 기간에 수행할 수 있었다는 점에 의미를 둔다.

국도1호선 499㎞를 답사하며 느낀 점을 크게 두 가지로 정리하면 첫째, 인공시설물을 최소화하여 경관을 향상시키고 심리적 정온화를 유도하는 것이다. 이제는 1차적 관점인 기능성, 안전성 일변도에서 탈피하여 한 차원 높은 심리, 경관, 인간공학적 측면과 아름다운 국토풍경을 창출하는 관점에서 접근하여야 한다. 둘째, 녹지네트워크를 확보하여 친환경적인 도로경관을 조성하는 것으로 획일적인 표준단면에서 탈피하여 용지확보가 가능한 지방지역에는 융통성 있는 도로폭원을 적용하여 녹지대를 조성하고, 도시지역에는 좁은 폭의 녹지 중앙분리대와 채색된 개방형 낮은 가드레일을 도입하여야 할 것이다.

우리 조상들의 흔적과 백성들의 기층정서와 뿌리를 같이 하는 일반국도는 우리의 삶과 정서, 역사, 문화가 물리적, 정서적으로 어우러져 녹아 있는 곳이다. 이러한 국도를 답사하면서 자연적인 국토풍경과 함께 문명을 대지 위에 조형으로 표현하고 그것을 계기로 아름다운 풍경을 형성하고 의도하는 토목디자인에 의한 인공적인 국토풍경이 어떻게 조화를 이루어야 할 것인가, 형이상학적이고 철학적인 명제에 대해 설계자, 도로전문가는 어떠한 사명감과 의무감을 가져야 할 것인가를 진지하게 고민하였다.

설계자는 다양한 전제와 조건을 조화시켜 문제의 해답을 찾아 사회기반시설을 만드는 주역이라는 인식을 갖고, 단순히 기능적인 목적물을 만들어 내는 것이 아니라 새로운 문화가치를 창조하는 의무를 지닌 사람이라는 인식을 다시 한 번 새겨야 할 것이며, 이러한 인식이 공감대를 이루어 널리 확산되기를 기대한다.

- 2012. 8. -

한반도 내륙을 가로지르는 국도3호선

답사를 시작하며

 국도3호선은 대한민국의 중앙을 남북으로 가로지르는 노선으로 경상남도 남해군 미조면에서 평안북도 초산군 초산면에 이르는 도로이다. 이 노선은 특이하게도 임진왜란 당시 왜군의 이동경로와 거의 일치한다는 점을 미루어 보아 예로부터 한반도 중심으로 가로질러 한양을 거쳐 북쪽으로 형성된 중요한 도로인 것으로 짐작할 수 있다. 이번 답사는 서쪽의 국도1호선, 동쪽의 국도7호선에 이어 한반도 내륙을 남북으로 종단하는 대표적인 국도 답사의 큰 획을 긋게 되는 발걸음이다.

 답사의 시작인 국도3호선의 시점, 미조면에는 이전의 답사에서 볼 수 없었던 시점비가 있었으나 반가움 보다는 아쉬움이 남은 비석이었다. 도로를 이용하는 사람들이나 주민들이 시점 비석공원을 이용할 수 있도록 주차장이나 접근로가 설치되어 있지 않고 허술하게 조성되어 역사적 의미를 담아서 관광자원으로서 활용할 수 있는 문화자산을 방치하고 있다는 생각이 들었다. 시점에서 미조면사무소 방향으로 이동하여 찾아간 미조상록수림의 정확

■ 국도3호선 시점비, 남해군 미조면　　■ 미조상록수림, 천연기념물 제29호

한 명칭은 '남해미조리상록수림'이다. 이곳은 천연기념물 제29호로 지정되어 있는 명물로 전체면적은 254평에 불과하지만 다른 지역에서 찾아보기 힘든 상록활엽수들을 볼 수 있는 곳으로 이 곳 또한 주차장과 접근로의 부재로 우리 일행은 바깥에서 대충 둘러보고 발길을 돌릴 수밖에 없었다.

일자	이동경로
1일차 (3/18)	남해(3호선 시점)→미조(미조상록수림)→사천(창선-삼천포대교구간)→진주
2일차 (3/19)	진주→함양(함양상림)→김천(직지사)→문경(옛길박물관, 제1관문)→수안보
3일차 (3/20)	수안보→충주(탄금대)→장호원→이천→성남→서울→의정부
4일차 (3/21)	의정부→전곡(선사유적지)→연천→철원(종점부, 87호선 교차)→백마고지역→파주→서울

■ 답사 일정과 국도3호선 노선도

한국의 아름다운 길

아쉬움을 뒤로 하고 우리 일행이 찾아간 곳은 '한국의 아름다운 길 100선'에서 [대상]에 선정된 '창선~삼천포대교' 구간으로 큰 기대감을 갖고 찾아

▮ 초양대교와 삼천포대교

▮ 하부의 곡선이 아름다운 늑도대교   ▮ 창선대교

갔다. 이곳은 창선대교(하로식 스틸 아치교)-늑도대교(PC BOX)-초양대교(중로식 스틸 아치교)-삼천포대교(사장교)가 이어져 있는 곳으로 주변의 수려한 자연경관과 전통 어로방식인 멸치잡이 '죽방염', 아름답고 다양한 형식의 교량들을 볼 수 있다는 점이 좋았으며, 특히 콘크리트 교량인 늑도대교는 다른 교량들이 상부가 눈에 띄는 특징이 있다면 교량하부의 미려한 곡선이 은근히 아름다운 교량이라고 할 수 있다.

 삼천포대교를 건너서 국도3호선으로 이어지는 바닷가에는 연속되는 4개의 교량을 한 곳에서 바라볼 수 있는 있는 쉼터가 있어 경관쉼터의 역할을 하고 있었으며, 일부 구간에는 녹지중앙분리대를 도입하였고 전망공간과 노측 식재까지 모든 게 좋아 보였지만 전망공간의 데크와 정자의 부조화, 정자에 들어가기 위해서 신발을 벗어야 한다는 점이 아쉬웠다. 한국관광공사에서 지정한 '사진 찍기 좋은 녹색 명소'라는 안내판이 무색하게 나무데크와 조화되지 않는 스테인레스 재질의 난간이 못내 거슬렸으며 차라리 정자를 좀 더 크게 만들어 전망대와 쉼터로 활용하는 편이 좋았으리라 생각하였다. 우리 선조들이 경치가 좋은 곳에 정자를 만들어서 자연을 음미하듯이 정자에서 '창선~삼천포대교'의 멀리까지 트인 파노라마 경관과 '실안낙조'의 장관을 느껴보는 것도 좋을 것이리라.

사천을 거쳐 답사할 진주성과 국립진주박물관, 촉석루는 모두 진주성 내부에 위치하고 있어서 우리는 진주성을 향해 출발하였다. 진주로 향하는 국도3호선의 양방향에 위치한 방음벽 전면에는 폭 30cm 정도의 공간에 식재를 하여 인공구조물의 삭막함을 완화시키고 있어 다른 지역에선 찾아보기 힘든 형태라 독특하였으며, 충분한 생육환경에 부족해 보이는 공간에서도 잘 자라고 있어 경관 관점에서 조화로웠다.

▎장관을 이루는 실안낙조

▎사천대로의 녹지중앙분리대

▎방음벽 전면의 식재

진주에서 함양까지

국립진주박물관은 1984년에 개관한 국내 최초의 '임진왜란 전문 역사박물관'으로서 임진왜란과 관련된 유물들을 많이 볼 수 있었다. 눈에 띄는 것은 현재 드라마로 방영중인 '징비록'에서 유성룡이 선조에게 꼭 만들어야 한다는 두 가지 중의 하나인 '비격진천뢰'와 '거북선'이다. 비격진천뢰는 대완구와 중완구를 통하여 쏘는 것으로 400보까지 날아간다고 하며 내부에 화약과 빙철 등을 장전하게 되어 있는 인마살상용 폭탄의 일종으로 임진왜란 때 경주부윤 박의장이 이를 사용하여 경주성을 탈환한 역사유물이다. 영상관에서 관람한 3D 입체영화 '진주대첩'은 우리 선조들의 숭고한 호국정신을 기억하기 위해 진주성 제1차 전투를 소재로 제작한 애니메이션 형태의 영화이다. 진주대첩은 1592년 10월 5일부터 6일 동안, 진주목사 김시민의 지휘 아래 민·관·군 3,800여 명이 합심하여 3만여 명의 왜군과 치열한 공방전 끝에 왜군은 1만여 명이 넘는 막대한 피해를 입고 패주하여 이 전투의 승리로 조선은 다른 경상도 지역을 보존하였을 뿐만 아니라 적으로 하여금 호남지방을 감히 넘보지 못하게 하였다.

박물관을 나와 다음으로 다다른 곳이 촉석루로 촉석루는 진주성의 남쪽 벼랑 위에 웅장한 모습으로 우뚝 솟아 있는 영남 제일의 누각으로 평양 부벽루, 밀양 영남루와 함께 우리나라 3대 누각으로 손꼽히고 있다.

1593년 6월 임진왜란 당시, 제2차 진주성 전투에서 승리한 왜군이 촉석루에서 승전연을 벌였을 때 최경회의 첩이던 논개가 촉석루 앞 의암에서 왜장을 끌어안고 강으로 뛰어들어 지

▎호국의 현장, 진주성과 촉석루

아비의 뜻을 목숨을 바쳐 이루려 하였던 정절과 기개가 서려있는 곳으로 촉석루 옆에는 의기 논개를 추모하기 위해 세운 '의기사義妓祠'가 있어 숙연함을 느끼게 한다.

　진주성에서 하루의 일정을 마치고 일행은 진주의 대표적 먹거리인 진주비빔밥을 먹기 위하여 진주중앙시장으로 향했다. 진주중앙시장은 서울에서도 보기 힘들 정도로 큰 규모의 시장이었으며 주차를 하려고 근처를 3번이나 돌아야 할 정도로 고생을 하였으나 육회를 곁들인 진주비빔밥은 하루의 피곤함을 개운하게 날려준 맛깔스런 저녁식사였다.

　비가 갠 다음날 진주를 출발하여 산청을 거쳐 함양을 향해 기존국도와 신설국도를 이용하여 답사를 하였다. 기존국도가 마을과 마을을 연결하는 생활권을 함께하는 도로의 개념이라 한다면, 신설국도는 마을을 우회하는 개념의 도로였다. 이 둘의 차이는 극명하게 달라서 기존국도가 마을과 마을을 연결하는 기능을 가져 도로 주변에서 휴식을 취할 휴게소나 주유소 등의 편의시설을 볼 수 있는 반면, 신설국도는 산지부로 마을을 우회하다 보니 대절토와 고성토, 교량과 터널로 이어지는 기능만이 존재하는 삭막한 도로의 모습을 보이게 된다. 당연히 휴게소나 주유소와 같은 편의시설을 찾아보기 힘들었으며, 이 구간은 대전~통영간 고속도로와 나란히 가고 있어 왕복4차로 도로를 신설하기 보다는 기존국도를 활용하면서 선형개량과 용량증대가 필요한 구간이라 생각되었다.

　함양에 도착하여 생태숲으로 유명한 '함양상림'을 답사하였는데 함양상림은 천연기념물 제154호로 지정된 인공림으로 신라 진성여왕 때 최치원 선생이 천령군(함양군의 옛 명칭)의 태수로 있으면서 백성을 재난으로부터 보호하기 위해 조성한 우리나라에서 가장 오래된 인공림이다. 1100여 년의 역사와 문화를 간직하고 있어 "천년의 숲"이라 불리며 400여 종의 수목이 있어서 식물학 분야에서 좋은 연구거리가 되고 봄 꽃, 여름 녹음, 가을 단풍으로 유명한 곳이다. 산책로를 따라 걸으며 천연림에 가까운 생태환경이 너

▎뛰어난 생태계를 이루고 있는 함양 상림　　▎함양에서 바라본 지리산의 운해

무 좋아서 주위의 지인들에게 꼭 권해주고 싶은 사색의 공간, 치유의 공간이란 생각이 들었다.

　국도3호선에서 함양으로 들어오는 길목에 자리 잡은 남계서원은 소수서원에 이어 두 번째로 세워진 서원으로 조선 초기 성리학자이며 동방5현으로 불리는 일두 정여창 선생의 학덕을 기리고 그를 추모하기 위하여 세워진 서원으로 흥선 대원군의 서원철폐 때 훼철되지 않고 존속한 47개 서원 가운데 하나이다. 남계서원 근처에는 청계서원도 있어 함양상림과 인접한 이 두 곳의 서원을 하나의 문화상품으로 묶어 우리가 추구하는 도로문화와 연계하여도 손색이 없을 것이란 생각이 들었다.

거창에서 김천까지

　역사 깊은 서원을 뒤로 하고 구국도 3호선과 신설국도 3호선을 이용하여 거창을 지나서 김천으로 향하였다. 거창을 지나면서 위천 생태하천이 조성된 것을 볼 수 있었으며, 친수 실개천 생태공원과 산책로가 잘 어우러져서 보기에도 좋았는데 도심에 쾌적한 하천환경을 조성하여 이용하는 주민뿐만 아니라 도로를 이용하는 사람들에게도 편안한 휴식처로 제공하는 것은 경관쉼터의 역할과도 같다.

　주상면에서부터 지례면까지 2차로 도로로 좁아졌지만, 불편함 보다는 오히려 편안함이 전해졌으며 4차로 도로에서 만나보지 못했던 휴게소를 이용

▌국도3호선 2차로 구간(거창군 주상면)

▌국도3호선 확장구간

할 수 있었으며 휴게소는 2차로 도로 주변의 휴게소로 생각하기 힘들 정도의 주유소, 휴게소, 식당, 주점이 함께 있는 큰 규모였는데 한 때는 읍내에서 상당히 떨어져 있는 주변지역의 사람들이 이용했을 것으로 보이나, 주점이 들어설 정도로 번성했던 곳이 현재는 차량 통행량도 많지 않고 찾는 사람들도 줄어들어 현상유지조차 어려울 것 같았다. 고속도로 휴게소와는 다르게 국도 주변의 휴게소는 규모가 크지 않고 아담한 규모에 주유소 등 시설물도 최대한 압축되게 만들어서 잠깐 쉴 수 있는 적정규모의 쉼터개념을 적용하는 것이 합당할 것이라는 생각이 든다.

지례면에서 국도3호선 확장공사인 김천~교리 국도건설공사 현장을 지나게 되었으나 일부구간은 확장하고 일부구간은 신설하는 2+1 선형계획으로 공사를 하고 있었으며, 일행은 구성면에서 직지사로 향하는 지방도를 이용하게 되어 전체노선을 볼 수 없었다.

구성면에서 지방도를 따라 직지사로 방향을 바꾸어 달리며 국도에서 벗어나 지방도를 따라 펼쳐지는 산길 풍경이 너무 한적하여 좋았고 때로는 이렇게 한적한 산길을 다니는 것이 힐링에 좋지 않을까 싶었다. 아름다운 풍경을 고속으로 주행하면서 보지 못하게 되는 고속도로나 4차로 국도와 달리 지방도만의 여유로움을 느낄 수 있었다. 한적한 지방도를 달려 우리 일행이 도착한 곳은 바로 직지사直指寺, 신라 제19대 눌지왕 때인 418년에 묵호자가 창간하였다 하며, 고려 태조 때인 936년에 능여대사가 중건할 때 자를 쓰지 않고 직접 자기 손으로 측량하여 지었기 때문에 직지사로 이름 하였다는데, 임진왜란 때 소실된 것을 광해군 때 재건하였다.

중요 문화재로는 석조약사여래좌상(보물 제319호), 대웅전

▎직지사 대웅전과 삼층석탑

앞 삼층석탑(보물 제606호), 비로전 앞 삼층석탑(보물 제607호), 청풍료 앞 삼층석탑(보물 제1186호)과 대웅전삼존불탱화(보물 제670호) 등이 있는데 특히, 직지사 내부에는 다른 곳과 달리 인공적인 요소를 배제하고 생태적으로 배려한 모습을 볼 수 있었으며, 다른 곳과 달리 보행로를 포장하지 않고 자연 상태 그대로 두어 내방객들이 흙을 밟을 수 있도록 한 점이 돋보였다. 그리고 돌담을 쌓을 때 방해가 되는 나무를 자르지 않고 나무의 주위를 돌담으로 감싸서 자연 상태를 보존하려고 한 노력도 너무 좋았으며, 단순히 효율성만 생각했다면 깔끔하게 벌목하고 돌담을 직선의 형태로 만들었을 것이지만 자연을 배려하는 마음이 있으면 설계와 시공은 충분히 달라질 수 있다고 생각하였다.

▎직지사의 돌아가는 돌담

직지사 입구에는 무궁화공원, 김천세계도자기박물관과 직지문화공원도 조성되어 있어서 이곳을 찾는 관광객에게 다양한 볼거리를 제공하려는 노력을 볼 수 있었으나 아쉬운 점은 입구의 교차로 주변이 지방도를 이용하는 차량과 식당을 이용하는 차량이 서로 섞이면서 사고의 위험이 높아 교통정온화기법을 적극 도입하여

회전교차로 설치와 연결로의 개선이 시급하다는 생각이 들었다.

김천시를 경유하여 상주방향으로 이동하던 우리 일행은 김천시를 통과하는 국도3호선과 다시 만나게 되었다. '시청로' 구간은 녹지중앙분리대와 보도 쪽 띠 녹지를 배치하여 이용자 측면에서 그린네트워크가 확보되어 있는 도로라 생각되었으며, 녹지중앙분리대에도 다른 곳에서 보기 힘든 키가 낮은 소나무를 식재한 점도 특이했다. 김천시를 벗어나는 구간에 설치된 김천시를 상징하는 조형물은 낮에 보이는 뷰 view와 밤에 보이는 뷰가 조화롭게 되어 디자인이 지나치지 않고 깔끔한 이미지를 보여줘 인상적이었다.

김천에서 문경을 지나 수안보로 가는 길

김천시를 벗어나 상주를 거쳐서 문경으로 가는 구간은 기존의 2차로 도로와 별개로 이격하여 개설된 4차로 신설도로였다. 획일적이고 지루한 단면이 연속되다 보니 졸음운전 유발로 사고의 위험이 높아 보였고, 산지부로 우회하다 보니 휴게소와 쉼터는 아예 없었으며 주변 마을과도 떨어져 있어 외롭게 달리기만 하는 길이었다. 요즘 고속도로에 졸음쉼터를 만들어 졸음으로 인한 사고가 많이 줄어든 것처럼 일반국도에도 졸음쉼터나 간이휴게소를 적극 도입하여 도로환경을 개선해야 할 것으로 보인다.

상주로 들어가는 '어모~상주 국도건설공사' 설계를 수행할 당시 민원인에게 위협 당했다던 사건을 전해 들었는데, 당시에는 주민설명회나 공청회를 개최하여도 주민들의 참여가 소극적이었으나 지금은 주민들의 참여도 높을 뿐만 아니라 질의응답 시간에 설계사 직원들이 힘들어 할 정도로 질문이 쏟아져 몇 년 사이에 많이 달라진 모습을 볼 수 있는 것은 스마트폰의 보급이 큰 몫을 하지 않았나 싶다. 이 구간의 도로도 지금처럼 주민의견을 수렴하는 과정이 적극적이었으면 과다한 절취와 고성토로 이어져 마치 고속도로와 같은 도로가 되지 않았을 것이란 생각을 하며, 일행은 신설국도 3호선에서 구국도 방향으로 이동하여 공성면에서 점심식사를 한 후 구국도 3호선을

▎김천시 구간의 시청로   ▎상주로 가는 신설국도3호선

이용하여 상주시청 방향으로 이동하여 상주에서 문경까지는 신설국도 3호선을 이용하였다.

문경에 도착하여 문경새재 입구에 있는 옛길박물관을 찾았다. 옛길박물관은 1997년 '문경새재박물관'이라는 이름으로 개관한 이후, 2007년 리모델링 공사를 거쳐 2009년 '옛길박물관'으로 다시 개관하였는데 박물관 내부는 잘 정돈되어 있었고 길에 대한 자료도 많이 찾아볼 수 있었으며 특히 눈에 띈 것은 '땅, 산, 물 그리고 길'의 글이었다.

길에 대한 설명을 여기에 적어본다. "산천 위의 한 지점에서 다른 지점까지 이동하는 것이 길이다. 이때 길은 가면서 산과 물을 만나기를 수없이 되풀이 한다. 산을 한 번 만나면 그 다음에는 반드시 물을 한 번 만나야 하고, 물을 만난 다음에는 또다시 산을 만나야 한다. 산을 연거푸 두 번 넘을 수 없으며, 물을 연거푸 두 번 건널 수도 없다. 그것이 바로 길이다. 길이 산을 만나면 고개요, 물을 만나면 나루다. 그리하여 이 땅의 모든 길들은 고개 한 번, 나루 한 번의 공식을 어김없이 반복하여 존재한다." 김정호의 '대동여지도'는 현재의 우리나라 지형과 너무나 비슷하여 놀라지 않을 수 없었고 평면 위의 직선거리가 아니라 산 넘고 물 건너 구불구불 실제로 가는 거리 정보를 기초로 이러한 지도를 제작했다는 사실이 놀라웠다.

옛길박물관을 나온 일행은 옛길을 걸어 문경새재 제1관문인 주흘관으로 향하였다. 새도 날아서 넘기 힘든 고개라는 뜻으로 조령鳥嶺이라고도 불리

▌영남 제1관문, 주흘관 전경

는 문경새재, 임진왜란과 병자호란을 겪으면서 축성된 성과 3개의 관문이 제1관문(주흘관)과 제2관문(조곡관), 제3관문(조령관)이다. 제1관문은 비교적 낮고 개방된 지역에 만들어져서 적을 막기에는 역부족이었을 것으로 보였으며 임진왜란이 끝나고 제일 먼저 축성한 곳은 협곡에 위치한 제2관문이라 한다. 충청북도 괴산군 연풍면에 맞닿아 있는 제3관문은 다음날 아침에 보기로 일정을 조정하고서 수안보온천 방향으로 이동하였다.

수안보온천은 우리나라에서 최초로 자연적으로 용출된 온천으로서 약 3만년 전부터 솟아 오른 천연 온천수라 하며, 온천수원의 보호와 원활한 공급을 위하여 온천수 저장 탱크를 설치하여 전국에서 유일하게 중앙 집중 공급 방식으로 온천수가 공급되고 있다 한다. 수안보 지역은 지나치게 관광지화 되어 휴양온천 본래의 모습을 찾기가 힘든 타 지역과 달리 분지형의 아늑하고 고즈넉한 분위기가 그나마 유지되고 있어 다행이었으며 청솔식당에서 맛본 산채정식과 버섯전골은 전통으로 이어가야 할 정도로 별미였다.

다음날 아침식사를 마친 우리 일행은 제3관문을 보기 위하여 조령산 방향으로 이동하였다. 조령산 자연 휴양림 입구에 주차를 한 후 걸어가는 산길은 이른 아침이라서 상쾌하고 사람들도 만나기 힘들었다. 조령관 입구에는 조령의 유래를 알려주는 비석과 충청북도에서 제작한 부산진부터 한양까지 가는 길을 보여주는 상징물도 볼 수 있었으며 조령산을 하산하면서 '새재자전거길'을 볼 수 있었는데 '새재자전거길'은 탄금대에서 출발하여 상주 상풍

교까지 가는 코스로 중간에 위치한 '소조령'과 '이화령'이 최고의 난코스로 소조령의 오르막구간이 약 2km, 이화령의 오르막구간은 무려 5km나 되어 자전거를 타고 이화령 정상에 올라 내려다보는 경치는 일품으로 내리막 구간에서는 스피드의 한계를 몸으로 느끼는 짜릿함을 선물해 주기도 한다.

일제 강점기에 개설되었던 이화령을 넘는 국도3호선은 신설국도의 개통으로 역할을 넘겨주고 이제는 자전거 길로 거듭 났으며, 맥이 잘렸던 이화령 정상에는 생태통로가 설치되어 조령산을 거쳐 달려가는 백두대간의 맥을 다시 이어주고 있어 세월의 흐름을 느끼게 한다.

충주의 탄금대와 음성 감곡성당

제2관문을 보지 못한 아쉬움을 뒤로 하고 다음 행선지인 탄금대를 향하여 출발하였다. 충주는 사과로 유명해서인지 가로수로 심어져 있는 사과나무를 볼 수 있었고 사과나무를 보면서 가수 이용의 '서울'이라는 노래가 생각나서 피식 웃음이 났다. 제주도 도로변 가로수에 감귤나무가 심어진 것을 본 기억이 있는데 사과나무는 처음 본 것 같다. 충주지역은 교통섬을 녹지로 잘 만들어 놓았으며, 도로주변에도 녹화에 힘쓴 흔적들을 볼 수 있어 인상적이었다.

▌충주시내 도로의 녹지교통섬   ▌지역의 고유수종인 사과나무 가로수

탄금대에 도착하여 충혼탑과 팔천고혼위령탑을 보며 잠시 임진왜란 당시를 떠올렸다. 기마전술에 능했던 신립장군이 자신이 능숙했던 전술에 집착하여 탄금대 주변으로 배수의 진을 쳤지만, 지형과 지세를 살펴 조령에 진지를 구축하였더라면 왜적을 조령에서 격파하고 조선을 위기에서 구하지 않았을까 하는 안타까움에 어리석은 역사 되돌리기에 잠시 빠졌었다. 탄금대는 임진왜란 당시 전투로도 알려진 곳이지만, 가야금의 창시자격인 우륵이 신라 진흥왕 앞에서 가야금곡을 연주하여 왕으로부터 찬사를 받게 되고 우륵이 충주 땅에 거처를 마련하여 신라의 청년들 앞에서 가야금을 연주하고 그 소리를 듣게 된 사람들이 모여서 마을을 이룬 것이 지금의 탄금대가 된 것이라 전해지는데 주변에 조성중인 '충주세계무술공원'에 밀려 크게 관심을 받지 못하는 것 같았으며 "역사유적지 바로 옆에 꼭 대규모 공원을 조성해야 했을까"하는 생각이 들었다.

경기도와 맞닿은 음성군 감곡면의 감곡성당은 조선말기인 1896년에 부임한 프랑스인 임가밀로 신부가 건립한 전국에서 18번째로 세워진 성당이자 충북 도내에서는 최초로 건립된 성당이다. 감곡성당 터는 원래 임오군란 때 명성황후가 잠시 피신하였던 민응식의 집으로 일제에 의해 폐허가 된 것을 헐값에 사들인 역사의 아픈 기억이 남아 있는 곳으로 1903년에 건립되었던 목조 한옥성당을 1930년 지금의 서양식 성당으로 신축했다고 한다. 설립자인 임가밀로 신부는 1914년 최초로 성체현양대회를 개최하였고 문맹퇴치를 위하여 학교를 설립하여 일본 식민지에서 억압받는 청년과 아이들에게 민족의식을 심어주고 한글을 가르쳐 민족의 뿌리가 마르지 않게 하였다고 하며, 사람들을 만날 때마다 자주 "나는 여러분을 만나기 전부터 사랑했습니다."했다 한다.

▌충북지방 최초의 성당 감곡성당 전경

이천에서 성남, 서울, 의정부까지

감곡성당을 뒤로 하고 일행은 이천방향으로 향하였다. 백사면에 위치한 '산수유마을'을 들렀는데 아직은 꽃이 피지 않아서 찾는 사람이 드물었으나 백사면에서 반가운 광경을 볼 수 있었으며 그것은 바로 보차도 경계석만 설치한 보도공간이다. 작년 가을 국도48호선 답사 때 강화도에서 봤던 것과 같은 형태로 주민들의 통행이 빈번하지 않은 도로에 별도의 분리된 보도블록 공사를 하지 않고 경계석만으로 구분하여 경제성과 시공성을 높일 수 있는 장점과 좁은 폭에 설치한 보도블록에 비해 훨씬 간결하게 보여 미관성도 높일 수 있어 특히, 자전거를 타는 동호인들 입장에서는 앞으로 이러한 공간이 더 많아지면 좋을 것이다.

수도권에 접어들면서 차량의 통행이 많아지기 시작했으며 특히 곤지암에서부터 갈마터널까지는 극심한 지체를 보였는데, 주변에 시공 중인 '성남~장호원간' 도로가 이 정체를 풀어 줄 수 있을 것으로 기대하며 성남 시내로 들어섰다. 성남 시내를 관통하는 국도3호선은 녹지중앙분리대와 가로수 주변의 띠 녹지로 아주 보기 좋은 그린네트워크를 구성하고 있었다. '서울외곽순환고속도로'와 나란히 가는 구간에도 녹지비탈면을 효과적으로 조성하여 주행자와 보행자가 고속도로의 존재를 크게 느끼지 못할 정도였다. 성남

▎간결함이 돋보이는 보차도 경계석　　▎그린네트워크가 확보된 성남 시내 가로

시를 벗어나 들어선 서울시 구간은 중앙버스전용차로를 운영하면서 녹지중분대가 사라진 상황이었으며 서울시내 구간은 차로 수 확보에 집착하는 전형적인 도시 내 도로의 형태를 유지하고 있었다. 의정부에 도착하여 하루 일정을 마치고 의정부의 명물이자 세계적으로 유일한 메뉴라 할 수 있는 부대찌개를 저녁으로 먹으며 피로를 풀었다.

철의 삼각지대, 백마고지로 가는 길

답사의 마지막 날이 밝아오자 국도3호선의 철원 쪽 종점을 향하여 출발하여 의정부에서 양주를 지나 동두천을 거쳐 한탄강을 건너 전곡에 도착하여 전곡리선사유적지에서 잠깐 쉬어가게 되었는데 한탄강관광지와 인접한 곳에 위치하고 있어서인지 상당한 규모였으며 주차공간에 생태포장을 적용하여 잔디를 식재한 것이 친환경적이고 경관관점에서 보기 좋았다.

전곡에서부터는 도시지역 도로가 아닌 지방지역 도로에 가까웠으며 이 지역에도 도로공사중인 구간을 볼 수 있었는데 교통량으로 보아 기존도로의 흐름에 지장이 없어 보였지만 남쪽에서 북쪽으로 계속 이어서 관행적으로

▮ 전곡 선사유적지의 잔디주차장　　　　▮ 분단의 역사를 간직한 승일교

■ 도피안사, 철원 동송읍　　　　　　■ 철원군 노동당사

4차로 도로를 건설하고 있는 것은 아닌지 생각되었으며, 기존 생활권과 상권의 접근성을 확보하는 관점에서 기존도로의 개량에 중점을 두는 것이 보다 효과적 것 같지만 현실은 그렇지 않다.

　종점을 향하던 우리는 역사적으로 의미가 있는 승일교를 찾았다. 승일교는 일제강점기 철원농업전문학교 토목과 과장이며 큐슈공전 출신으로 진남포 제련소의 굴뚝을 설계했다는 김명여 교사가 설계하여 시공된 것으로 전해지고 있으며, 북한정권 때 1948년 8월부터 장흥리 쪽으로부터 공사를 시작하여 다리의 절반 정도를 추진한 상태에서 6.25사변으로 중단되어 수복이후 형식이 다른 공법으로 나머지 구간 공사를 마무리하고 1958년 12월에 준공하면서 "승일교"라 명명했다 전해지고 있으나, 일본인에 의해 공사가 시작되었고 미군이 마무리 했다고도 한다. 1999년 한탄대교가 개설되면서 차량 통행이 금지되었고 2002년에 등록문화재 제26호로 지정되었다.

　다음으로 도착한 철원의 도피안사到彼岸寺는 865년 통일신라시대 제48대 경문왕 5년에 도선국사가 향도 천여 명을 거느리고 천하에 산수가 좋은 곳을 찾던 중 영원한 안식처인 피안과 같은 곳에 이르러 화개산 현 위치에 도피안사를 창건하였다 하며 도피안사의 국보 제63호 '철조비로사나불좌상'은 신체와 대좌가 모두 철로 된 신라말기의 보기 드문 불상이다. 후삼국 시대 후고구려를 건국한 궁예가 철원으로 도읍을 옮긴 것을 보면 철원 지역이 임진강의 지류인 한탄강이 흐르는 곳으로 넓은 평야를 가지고 있는 곡창지대이다 보니 다른 지역에 비해서 풍족한 생활을 할 수 있었고 불교를 믿는 신도의 수도 많았으리라 짐작해봤다. 통일이 되면 이지역도 우리에게 잘 알려지지 않은 후고구려의 문화재복원사업을 하여 새로운 관광자원으로 활용하면 좋을 것이다.

도피안사를 떠나 다음으로 볼 수 있었던 것은 '철원노동당사'로 철원군은 조선민주주의인민공화국의 통치 당시, 강원도의 도청이 소재했으며 구철원은 철원군의 중심지였다. 이때 조선로동당에서 철원읍에 당사를 건설했는데, 6·25전쟁을 거치며 구철원은 대한민국에 귀속되면서 노동당사도 대한민국의 수중에 들어왔으나 전쟁 때 폐허로 변한 탓에 현재 1층은 원래 모습이지만 2층은 골조만 남아있는 상태로 전쟁의 상처와 세월의 흔적을 고스란히 간직하고 있었다.

국도3호선의 종점은 민간인 통제구역으로 더 이상 들어갈 수 없는 곳에 위치한 사거리로 시점에 시점비가 있었던 것과는 다르게 특별히 표지판이나 안내가 되어 있지 않고 백마고지 안내비석과 민통선 출입통제소가 더 이상 갈 수 없는 지점을 알려주고 있었다. 시점처럼 종점에도 비석을 만들어서 이 도로가 연결되는 중단점을 보여주는 것도 도로문화 관점에서 좋을 것이라는 생각이 들었다. 주말이라 자전거 여행과 주변 관광지를 찾는 여행객들이 많이 보였으며 아마도 백마고지역이 2012년에 개방되면서 보다 많은 사람들이 찾기 시작한 것으로 보인다. 현재의 최북단역인 백마고지역은 2017년 월정리역이 개통되면 최북단역이 월정리역으로 넘어가게 되며, 이곳은 1일 1회 운영하는 안보관광셔틀버스의 출발점으로 백마고지역에서 출발하는 코스는 제6코스로 '제2땅굴~평화전망대~월정리역, 두루미관~백마고지'의 순으로 돌아보게 된다.

6·25전쟁 당시 광활한 철원평야 일대와 서울로 통하는 국군의 주요보급로를 장악할 수 있는 요지인 철원 서북방에 위치한 395고지를 차지하기 위해 1952년 10월 초부터 10일 동안 국군 9사단과 중공 인민해방군 사이에 벌어진 12차례의 치열한 공방전으로 피로 물들었던 고지가 폭격으로 나무 한 그루, 풀 한 포기 없을 정도로 폐허가 되어 멀리서 보면 마치 흰 말이 누워있

▎백마고지로 가는 종점 전경　　▎경의선 최북단의 백마고지역

는 형상이라 백마고지로 불렸던 고지는 세월의 흐름 속에 짙푸른 녹음으로 뒤덮여 있고 철책선 넘어 갈 수 없는 북녘 땅은 희뿌연 황사 먼지 속에 아련히 멀기만 하여 보는 이의 마음도 애잔하기만 하였다.

평화롭게 흐르는 강, 임진강을 따라서

　백마고지역에서 국도3호선 답사를 모두 마친 일행은 서울로 향하여 돌아오는 길에 화석정에서 들러 역사와 문화를 살펴보는 기회를 가졌다. 화석정은 임진강가에 세워져 있는 조선 중기의 대학자 율곡 이이가 제자들과 함께 시를 짓고 학문을 논하던 정자이다. 왜놈들의 침략에 대비해서 10만 양병설을 주장했던 율곡 이이선생은 장래에 벌어질 큰일을 예측하고 화석정 주변에 장작을 쌓아 두었다는데, 임진왜란 당시 개성으로 몽진하던 선조의 일행이 밤에 임진강을 건널 때 이곳에 불을 질러 임진강을 건넜다 하니 선지자의 선견지명을 생각하면 감탄이 저절로 나온다. 화석정에서 내려다 본 임진강은 정말 평화롭게 흐르고 있었고 파주 임진팔경 중에서 '화석정의 봄'이 제1경이 된 이유를 알 것 같았다. 조금 더 하류로 가게 되면 임진강이 남북의 군사 분계선이 된다는 점이 너무 가슴 아프게 느껴져 국악인 김용우의 '임진강' 노래가 떠올라 가사를 옮겨본다.

▪ 율곡의 흔적, 파주 화석정   ▪ 화석정에서 바라본 평화로운 임진강

"임진강 맑은 물은 흘러 흘러내리고 물새들 자유로이 넘나들며 날건만
내 고향 남쪽 땅 가고파도 못가니 임진강 흐름아 원한 싣고 흐르느냐
강 건너 갈밭에선 갈새만 슬피 울고 메마른 들판에선 풀뿌리를 캐건만
협동벌 이삭바다 물결 우에 춤추니 임진강 흐름을 가르지를 못하리라
내 고향 북녘 땅 가고파도 못가니 임진강 흐름을 가르지를 못하리라"

남북으로 분단 된지 벌써 70년이 흘렀으며 고향방문단에 이름을 올리는 실향민들도 줄어들고 있다니 하루빨리 통일이 되어 더 이상 생이별을 슬퍼하는 실향민이 없길 바라는 마음이다.

답사를 마무리 하며 - 소통과 공존

국도3호선 답사를 모두 마치고 생각을 정리하며 제일 먼저 떠오른 이미지는 '옛길박물관'에서 본 '길'에 대한 설명이다. 길이 산을 만나면 고개요 물을 만나면 나루로 고갯길과 뱃길이 되는 것이다. 생각만으로도 아름다운 길이 그려진다고 하지만 지금의 길은 그렇지 않다. 산을 만나면 터널을 뚫고 물을 만나면 교량을 가설한다. 물론 지금 하는 이야기가 과거로 돌아가자는 것이 아니지만 국도3호선을 답사하면서 느낀 점은 그렇다. 길이 자동차의 소통만 원활하면 좋은 것인지, 아니면 그 길을 이용하는 이용자와 지역주민과 소통이 원활해야 바람직한 것인지를 생각해봐야 할 때가 아닌가 생각한다. 진주에서 함양까지의 신설4차로 구간을 떠올리면 나란히 공용 중인 '대전~통영간고속도로'가 있는데 굳이 산을 치고 계곡을 가르는 4차로 신설도로가 필요할까? 신설도로와 구국도를 이용하는 차량은 많지 않았으며 구국도가 마을과 마을을 이어주는 역할을 했다면 신설국도는 마을과 마을을 단절시키고 지역주민들은 그 도로를 이용하지도 못하게 되어 있어 더욱 의구심이 꼬리를 물었다.

국도3호선은 통과하는 지역에 따라서 여러 가지 이름을 가지고 있다. '시점부인 남해에선 동부대로, 사천대로, 진주대로, 산청대로, 거함대로, 거창에선 웅양로, 김천에선 남김천대로, 시청로, 상주에선 경상대로, 문경대로, 중원대로, 성남대로, 송파대로, 자양로, 천호대로, 동일로, 의정부에선 평화로, 연천에선 연신로, 철원에선 평화로'이다. 국도는 고속도로와 달리 '○○고속도로'와 같은 하나로 된 이름이 아닌 지역주민들이 이용하는 그 지역을 상징하는 이름으로 불리고 있는바 이것은 도로가 지역주민과 소통하고 있다는 뜻이며, 더 이상 불통의 도로가 아닌 소통의 도로가 많아져야 할 이유이기도 하다.

선행노선에 이어 관행적으로 추진하는 도로의 신설이 아니라 큰 틀에서 도로정비의 개념을 적용한 시설개량과 불필요한 시설물의 정비를 통한 용량 증대와 도시지역 주변 도로의 다이어트 효과도 신중하게 고려해야 할 필요성이 있다. 삶의 질이 향상되고 있는 지금은 달리기만 하는 도로가 아닌 '보고, 느끼고 소통하는 도로'에 대해 전문가와 행정가들이 머리를 맞대고 고민해야 한다.

국도3호선은 역사적으로, 지리적으로 중요한 의미를 가지고 있는 도로이며, 도로주변에 많은 이야기 거리를 가지고 있지만 우리는 이것을 보지 못하고 오로지 달리기만 하여 스토리텔링이 존재하지 않는 도로로 만들어 버린 것은 아닌지, 더불어 국도확장사업의 기본 컨셉을 재정립하여 이동성 지

상주의에서 벗어나 기존의 생활권에 접근성을 확보하고 지역과 연계하는 관점에서 기존노선을 최대한 이용하여 진출입 측도를 설치하고 본선의 낮은 성토와 교차되는 도로의 상부 통과, 환경시설대와 도시지역 근접구간의 띠녹지 확보 등으로 도로이용자와 지역주민들을 심리적으로 편안하게 하며, 도로부지와 인접지역과의 공간 구분을 명확히 하여 압축된 분위기의 도로환경이 실현되도록 해야 할 것이다. 3박 4일에 걸친 답사를 마무리 하며 자연과 역사와 문화가 살아 숨쉬는 국도3호선이 도로이용자, 지역주민들과 소통하면서 상생하며 공존하는 도로가 되길 희망한다.

국도3호선의 중단점인 백마고지로 가는 길목에서 답사팀은 종점인 평안북도 초산으로 나아가지 못함을 못내 아쉬워하며 발걸음을 멈추었다. 우리의 남북방향 종단도로의 답사는 항상 이렇게 열심히 달리다 남과 북을 가로 막고 있는 높은 철조망을 바라보며 멈추는 일을 반복해야만 했다.

언젠가 남북통일의 염원이 이루어져 북한 땅으로 이어질 국도에도 풍성한 도로문화와 삶의 이야기가 펼쳐지길 기대하며 '대마리 백마고지' 비석 앞에서 국도3호선 답사를 마무리 하였다.

- 2015. 4. -

푸른 꿈과 낭만을 찾아가는 국도7호선

프롤로그

 2014년 6월 25일, 2년 전 숨 막히는 삼복더위를 무릅쓰고 달렸던 국도1호선, 목포에서 파주 통일대교 남단까지를 떠올리며 한반도 서쪽의 국도1호선과 대칭되어 부산에서 동해안을 따라 함경북도 온성군까지 이어지는 국도7호선 강원도 고성군 통일전망대까지 500여 ㎞를 달리는 3박4일 동안의 답사여정을 내디뎠다.

 국도7호선은 동해안 지방의 유일한 남북방향 간선도로로서 지역 교통의 핵심적인 역할을 담당하고 있으며 경상북도 포항시에서 강원도 고성군에 이르는 전구간이 동해 바닷가를 따라 이어지는 해안드라이브 코스로 인기가 높으며 국도7호선 주변에는 관동8경을 비롯한 다양한 관광자원과 경관이 빼어난 죽변등대 등이 자리 잡고 있다. 이렇게 꿈과 낭만을 떠올리게 하는 국도7호선은 남한지역을 통과하는 2개의 아시안 하이웨이 Asian Highway노선 가운데 「AH6」로 지정되어 있어 고속국도1호선이 포함되는 「AH1」과 함께 유라시아대륙으로 뻗어가는 주요 국제도로망과 연결되어 있다.

 이번에 답사하는 국도7호선은 부산에서 유소년 시절, 강릉 공군기지 복무 시절 추억과 울산~포항 간 고속도로의 타당성조사, 기본설계와 실시설계를 연이어 수행하며 노선주변을 답사하며 마주하였던 자연과 유적, 풍물, 사람들의 흔적과 어우러져 다가오고 있다. 제18전투비행단 근무 당시 최대 규모 한미연합훈련인 팀 스피리트 훈련을 마치고 강릉터미널에서 오전 6시30분에 떠나는 시외버스를 타고 삼척, 울진, 영덕, 포항, 경주 등 동해안 주요 경유지를 모두 들러서 대부분이 비포장이었던 도로를 따라 8시간 넘게 달려 오후 3시쯤 부산에 도착하였으니, 이미 35년 전 국도7호선을 답사하였고 이번이 두 번째 답사에 나서는 셈이다.

지금의 영도대교가 놓이기 전, 정오가 되면 영도다리가 올라가고 어선이 뱃고동소리 울리며 지나가는 모습을 보려고 많은 사람들이 몰려들었던 광경이 떠오르고, 군복무 시절 강릉에서 시내버스를 타고 주문진에 내려 선창가 허름한 식당에서 세꼬시와 소주로 객지에서의 외로움을 달래고, 경포호수의 아침 아지랑이를 좋아하여 휴일이면 자전거를 타고 경포호수, 바다 쪽으로 달려가 바다찻집에서 커피 한 잔 마시며 바다를 응시하였던 그 시절의 주변 모습은 어떻게 변했을까 추억시계는 벌써 예전으로 돌아가고 있다.

답사 일정	
6/25 (수)	서울 - 부산 - 울산 - 포항 - 구룡포
6/26 (목)	포항운하 - 영덕 - 울진 - 죽변등대 - 삼척
6/27 (금)	삼척 - 강릉 - 주문진 - 죽도 - 속초
6/28 (토)	속초 - 화진포 - 고성 - 통일전망대

국도7호선 노선도

부산에서 울산, 포항까지 가는 길

 사당역 주차장에서 일찌감치 일행들을 만나 경부~영동~중부내륙~대구-부산고속도로를 달려 7호선 시점 부근으로 들어오니 제일 먼저 우리들을 맞이하는 부산의 대표적 수산시장 자갈치시장, 바다 냄새가 물씬 코끝을 파고드는 것을 보니 항구도시에 들어왔음을 깨닫게 한다.

 부산광역시 광복동 옛 부산시청 자리에는 롯데백화점이 어깨를 떡하니 벌린 채 육중한 모습으로 들어서 있어 영도다리 옆 시청건물의 정취는 사라지고 번잡함만이 가득한데, 국도7호선 시점은 백화점 건물에 떠밀려 도로 옆 띠 녹지 속에서 초라한 표지판으로 존재를 부지하고 있었다.

 이곳은 국도7호선 시점뿐만 아니라 2호선 종점, 77호선 시점 등 세 곳의

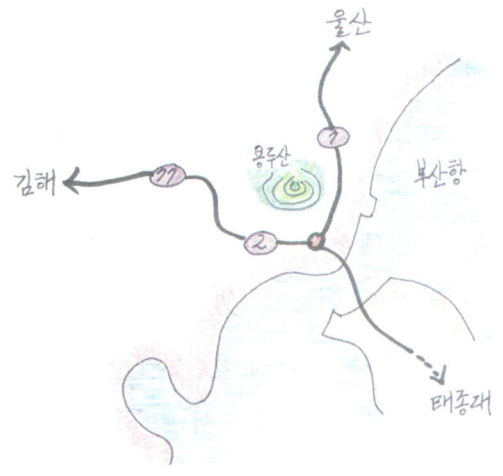
▌국도7호선 시점부 현황

도로표석이 한 곳에 있어야 할 지점이지만, 통일성 없이 제멋대로 흩어져 있어 아무리 지방자치단체 관할구역이라지만 도로문화 자산인 일반국도의 시·종점 관리를 이렇게 하다니, 어처구니가 없었다.

 앞으로는 주변에 흩어져있는 시점과 종점 표지판을 주변 녹지 교통섬으로 모아 별도의 '시·종점 표석공원'을 조성하여 도로문화재로 위상을 찾고 사람들이 관심을 갖고 찾을 수 있는 도로문화공간으로 자리를 잡도록 해야 할 것이다. 더구나 롯데백화점 옆 길가에 꽂혀있는 7호선 시점 표지판으로는 백화점 옥상에서 투신소동으로 가까이 다가서지도 못하고 먼발치에서 바라만 보고 아쉬운 발길을 돌렸다.

 시점에서 부산역 앞을 거쳐 초량동, 부산진역으로 가는 길은 양쪽으로 높은 빌딩이 들어선 도심 시가지 구간으로 녹지로 조성되어 관리되고 있는 녹

■ 국도7호선, 경주시 구간

■ 녹지중앙분리대, 부산시 구간

지중앙분리대는 녹색도로의 그린네트워크를 지향하는 관점에서 도시미관과 경관의 향상을 위해서도 적극적으로 도입되어야 할 요소로 인식된다. 옛날 호랑이가 자주 내려오는 골짜기라던 범내골, 조방낙지의 원조지역인 조방(옛 조선방직) 부근을 지나 조선시대 동래부가 있었던 동래까지 달리며 너무나 변해버린 주변 모습에 유소년 시절을 대비시키며 추억을 되살리는 것이 얼마나 어설픈 생각이었는지를 새삼 깨달았다.

　위성도시로 변해버린 양산시는 시가화가 진행되어 주변은 상가와 아파트로 둘러싸여 도로에서 바라보는 경관은 찾기가 힘들었지만 최근에 개설된 확장도로에는 녹지중앙분리대와 가로변 녹지대가 환경시설대로 조성되어 있어 회색도시 속에서도 수시로 나타나는 녹지가 살아가는 사람들의 정서를 풍부하게 한다는 말을 실감하였다.

■ 국도7호선 시점부의 초라한 모습　　■ 국도2호선 종점부의 모습

회색도시 울산, 거대한 인공구조물 속에서 존재하는 부품과 같은 인간의 모습이 왜소하게 떠올랐으며 천년고도 경주를 지나는 노선 주변에는 주유소 지붕을 기와지붕 형상으로 통일하였으나 시가지를 통과하는 주변의 모습은 왠지 전통이 살아 숨쉬기보다는 쇄락하여 근근이 숨을 이어가고 있다는 느낌이 들었다. 경북대학 구룡포 수련원에서 예정된 워크숍 일정을 맞추느라 세계문화유산으로 지정된 '양동마을'을 먼발치로 지나치고 삭막한 모습의 오천읍 우회도로를 달려 구룡포에 도착하였다.

포항에서 울진, 삼척으로

아침에 수련원을 떠나 최근에 복원한 '구룡포 근대문화역사거리'를 돌아보았다. 일제 강점기, 이곳을 동해안 어업전진기지로 개발하여 일본인 전용병원까지 운영하였으며 대형 요리집이 성업하였던 곳을 정비하여 침략과 수탈의 아픈 역사이지만 역사의 흔적을 오늘에 되살려 정비하였으며, 역사 교육장과 시대극 드라마의 촬영장소로 활용되고 있어 문화자원 재발견의 의미를 떠올렸다.

▌포항운하관

▌포항운하

포항운하는 작년 12월에 개통식을 치른 생태복원의 도시재생사업으로 1970년대 도시화 과정에서 매립된 형산강 좌안에서 죽도시장이 있는 동빈내항까지 1.3㎞의 수로를 복원하고 주변지역을 친수공간으로 조성한 사업으로 인상적이었다. 도로 옆에 친수공간이 있고 심미적 친수공간인 도시하천이 도시의 교통기능을 분담하며 도로-물-녹지의 네트워크가 도시공간의 골격을 형성하여 친환경을 공유하고 확산시키는 그야말로 융합적 사고 관점에서 접근해야 할 과제이다.

┃바다로 나아가는 배, 강구대교

동해안을 따라 강구항까지 달리는 영덕구간은 바다 쪽 해변으로 들어선 모텔이 조망점이 되어야 할 뷰 포인트 view point 를 점거하고 있어 눈에 들어오는 해안경관은 밋밋하고 도로의 내부경관은 똑같은 횡단면이 자리만 달리하여 들어선 상태로 주변의 자연, 삶, 문화에서 떨어져 나와 고립되어 나 홀로 달리고 있는 4차로 도로의 전형을 보이고 있었다. 영덕군에 들어와서 처음 마주치는 강구항江口港은 은어가 바다에서 강으로 회귀하는 곳으로 이름이 높은 오십천 하구에 있는 무척 정감어린 항구이기도 하다.

강구항에서 1970년대 한적한 모습으로 노부부가 짜장면과 우동을 정성스레 뽑아내고 있는 '동흥반점'에서 맛있게 점심을 먹고, '바다로 나아가는 배'를 골조형식 디자인으로 형상화 한 역동적이면서 신선한 이미지

┃강구항의 중화요리집, 동흥반점

■ 망양휴게소의 불편한 모습

를 주는 오십천에 가설된 강구대교의 경관을 꼼꼼히 살피며 감상하였다.

경관교량 강구대교를 감상하고 평해를 지나 해맞이 명소로 유명한 깎아지른 절벽 위의 망양휴게소를 찾았다. 얼마 전 개통된 터널을 빠져나온 곳에 자리 잡은 휴게소는 편안한 힐링공간이 아니라, 출입제한지역으로 방문객들이 바닷가 절벽으로 접근하는 것을 방지하는 것이 주목적인양 진입도로와 쉼터 데크 사이를 둔탁한 가드레일로 울타리를 치고, 건물 위 전망 포인트로 올라가는 계단은 출입문을 아예 달아버린 상태라 적당히 갇힌 우리 속 동물농장을 옮겨놓은 이미지로 다가와 답답했으며, 휴게소에서 외부경관으로 바라보는 4차로 도로와 터널 갱구는 쪽빛 가득한 동해바다 풍경에 비해 조화로움을 잃은 모습으로 다가왔다.

울진구간의 4차로 도로는 기존의 2차로 국도가 지나던 주변의 마을, 도시구간을 우회하는 신설노선이 대부분으로 국도 주변의 살아가는 모습, 지역문화와 단절되어 통행자가 지나가는 지역을 제대로 인식할 수 없었다. 이러한 문제점을 개선하기 위해서는 신설 4차로와 기존 2차로 주변지역의 연계성을 확보하여 지역의 삶, 문화, 전통, 역사와 단절되지 않도록 단순히 통과하는 도로기능 관점에만 매달리는 좁은 시야를 넓혀야 할 것이다.

강원도 도계와 가까운 곳에 자리 잡은 '죽변등대'를 찾았을 때는 하루 동안의 답답함과 체증이 한꺼번에 풀리는 상쾌함을 만끽하였다. 대나무가 많아 죽변竹邊이라는 이곳은 해안선에서 별스레 툭 튀는 모양새가 용이 웅크린 모습과 닮았다 해서 용추곶이라 불리는 곳에 세워져 있는 죽변 등대는 동해항로의 중간지점이고 울릉도와 직선거리상 가장 가까운 곳에 있다.

■ 지역의 명소, '폭풍 속으로' 세트장

■ 절벽 위 죽변 등대

　1910년 11월 처음 불을 밝힌 등대는 바닷가 언덕 위에 세워져 풍광이 아름답고 주변을 조망할 수 있는 최적의 장소이며, 주변에는 SBS기획드라마 '폭풍 속으로' 세트장인 일본식 건물과 교회건물이 있어 많은 관광객들이 찾고 있다.

　1968년 말 울진·삼척 무장공비 침투사건의 침투로였던 원덕을 지나 '해신당'에서 해안을 따라 굽이굽이 돌아가는 구국도7호선 2차로 구간은 지역 내 도로가 되어 신설4차로와 공존하고 있어 옛 정취가 남아 있었으나 산악 쪽으로 우회하는 신설도로는 절토높이 50~80m, 성토높이가 30~50m에 이르고 있어 자연환경과 조화, 자연과 사람의 공존을 생각할 때, 앞으로 도로전문가들이 어떠한 관점에서 접근하는 것이 '인간에게도 자연에게도 좋은 길'로 가는 것인지 숙제를 던져주고 있었다.

강릉, 주문진을 지나 속초까지

　국도7호선과 나란히 달리고 있는 동해고속도로에 있는 옥계휴게소는 경관이 아름다운 휴게소로 이름이 높아 집중적으로 전후의 경관을 살펴보았다. 휴게소 뒤에서 바라보는 망상해수욕장을 품고 동해바다와 깎아지른 산비탈의 접점에서 펼쳐지는 파도와 눈부신 모래사장의 하모니는 하나의 교향곡이 되어 아름다운 선율을 펼치고 있을 정도이다. 탄성을 저절로 자아내게 하는 빼어난 풍광이었지만, 시선을 돌려 바라본 휴게소 앞의 절취 비탈면은 14단에

▪ 빼어난 경관을 자랑하는 옥계휴게소 　　▪ 14단으로 절취된 휴게소 앞의 비탈면

높이가 70여 미터, 과다한 비탈면 처리공법 대신에 토류벽을 설치하고 갤러리형 피암터널로 계획할 경우 개선이 가능할 것이므로 이제는 쉬운 설계에 집착하지 말고 재해관리, 유지관리, 경관관리 등 시설물의 전주기를 고려한 합리적인 설계를 추구해야 할 필요성이 다시금 인식되었다.

　탄광촌이었던 정동진正東津에서 안인까지 달리는 해안도로는 비포장도로일 때, 등명낙가사 앞을 돌아가는 고개에서 바라보는 동해바다의 풍경은 일품이었다. 1980년대까지도 정동진역 앞마당에서는 묵호에서 기차를 타고 온 상인들이 장터를 열었다가 두 시간 후, 강릉에서 내려오는 기차로 다시 묵호로 돌아가던 이곳만의 '반짝장터'가 명물이었는데 드라마 '모래시계' 열

▪ 피암터널 설치에 따른 절토높이 감소와 경관효과 대비

푸른 꿈과 낭만을 찾아가는 국도7호선

▌정동진~안인 해안도로

풍으로 관광지가 된 이후 잠수함 침투지점을 지나 안인까지 도로 주변은 무질서하게 들어선 모텔, 유흥업소 등으로 유원지로 바뀌고 있어 아름다움과 낭만이 흘렀던 아름다운 도로의 추억은 아련하기만 하였다.

이러한 경관도로를 되살리기 위해서는 도로재생 차원에서 접근하여 해안도로변 과다한 위락시설 주변의 차폐림 설치, 간판정비, 위압감을 발생시키는 안전시설의 최소화, 색상의 정비, 교통정온화기법, 녹지분리대 등을 도입하여 편안하고 정온화 된 도로환경으로 정비해야 할 것이다.

국도7호선에서 경포호수로 들어가는 입구에 자리 잡은 선교장船橋莊은 300여 년 동안 원형이 잘 보존된 전통가옥으로 주변의 아름다운 자연미를 활달하게 포용하여 조화를 이루고 돈후한 인정미를 지닌 후손들이 거주하며 전통이 살아 숨 쉬는 공간으로 입구의 인공연못 가장자리의 활래정活來停은 연못과 함께 경포호수의 경관을 바라보며 관동팔경을 유람하는 조선의 선비와 풍류객들의 안식처가 되었다 한다.

북쪽으로 계속 달려서 주문진을 지나 죽도에 들렀다. 죽도암 앞바다에는 강릉에서 군복무 시절 가슴 아픈 추억과 낭만이 서려있는 곳이라 죽도를 한 바퀴 돌아보며 바다를 연하여 달리고 있는 국도7호선을 외부경관으로 담았다. 죽도竹島는 육지와 닿아있는 육계도로 '신증동국여지승람'에 "죽도는 푸른 대나무가 온 섬에 가득하고 섬 아래 바닷가에 구유같이 오목한 돌이 있는데 닳고 갈려서 교묘하게 되었고 오목한 속에 자그마한 둥근 돌이 있다"고 기술되어 대나무가 많아 지명이 유래되었음을 보여주는데, 비구니 암자인 죽도암은 35년 전에 비해 바뀐 것이 별로 없어 옛 모습이 어렴풋하게 떠올랐다.

▮ 죽도에서 바라본 국도7호선 외부경관

▮ 남쪽으로 물러난 38선

▮ 속초의 명물이 된 중앙시장   ▮ 양양~속초 구간의 아시안 하이웨이 (AH6)

    6·25전쟁 이전 이북 땅이었던 양양군을 가로지르는 38도선에 '38선 휴게소'가 자리 잡고 있는데 양양지역은 한국 현대사에서 민족적 비극과 고통을 안고 있는 곳이다. 10월 1일에 기념하는 '국군의 날'도 1950년 10월 1일 국군 3사단 22연대가 최초로 38선을 돌파한 것을 기념하여 제정하였다니 현대사의 한 부분으로 새겨야 할 것이다. 그런데 어이없게도 광장에 세워졌던 '38선 기념비'가 휴게소를 출입하는 차량들과 부딪히는 사고가 일어난다 하여 당초 위치에서 남쪽으로 15m 후퇴한 자리로 옮겼다는 사실을 알고는 수준미달의 역사의식에 현기증마저 느낀다. 휴게소 부지 내에서 도류화導流化 계획과 교통정온화기법을 적절하게 구상을 하면 충분히 해결하고 휴게소 공간을 개선할 수 있을 것이지만 단편적인 사고에 치우쳐 깊이 생각하지 않고 역사의식 없이 손쉽게 처리한 결과로 나타난 것이다.

통일의 염원을 담아 달리는 길

3박 4일 동안 궁극적으로는 통일의 염원을 담아 달려온 길이다. 기존 2차로 도로의 편안한 모습은 사라지고 부담스런 안전시설물과 쉼 없는 질주만 자리 잡은 4차로 구간은 간성읍에 일단 숨고르기를 하고, 공사 중인 신설노선을 옆으로 하여 차분한 마음으로 거진등대를 바라보며 화진포로 달렸다.

화진포는 오랫동안 낭만이 서려있는 곳이기도 하다. 전방지역으로 출입이 통제되던 시절, 둘레 16㎞의 동해안 최대 자연호수인 이곳에 들러 수복 이전의 김일성 별장, 수복 이후의 이승만, 이기붕 별장과 울창한 송림으로 둘러싸인 빼어난 주변경관에 감탄했었다. 또한, 1960~70년대 인기가수였던 Lee Sisters의 '화진포에서 맺은 사랑'은 여름철이면 키보이스의 '바닷가의 추억'과 함께 라디오 신청곡으로 인기가 높아 배경의 파도소리와 더불어 맑은 노랫소리가 귓전을 감싸 돌았다.

「화진포에서 맺은 사랑」

황금물결 찰랑대는 정다운 바닷가, 아름다운 화진포에 맺은-사랑-아
꽃구름이 흘러가는 수평선 저 너머, 푸른 꿈이 뭉게뭉게 가슴 적시면
조개껍질 주워 모아 마음을 수놓고, 영원토록 변치말자 맹세-한 사-랑
라~라~라~~ 라~라~라~~
은물결이 반짝이는 그리운 화진포, 모래위에 새겨놓은 사랑-의 언-약

명파리를 지나 민통선휴게소에서 출입신청을 하고 기다리다 지정된 시간에 민통선지역에 자리 잡은 통일전망대로 향하였다. 국도7호선에서 금강산길로 연결되는 출입국사무소 앞을 지나 20여 년 만에 그리운 금강산이 바라보이는 통일전망대에 올랐다. 금강산의 구선봉, 해금강이 지척에 들어온다. 맑은 날에는 신선대, 옥녀봉, 일출봉 등을 볼 수 있다니 흐린 날씨를

탓할 뿐이다. 저 멀리 금강산으로 달려가는 국도7호선, 남북을 가로막고 있는 휴전선을 사이에 두고 GOP General Out Post, GP Guard Post 등이 아스라이 펼쳐지고 있다. 앞으로 남과 북이 통일되어 원산, 함흥 찍고 함경북도 온성까지 달려 두만강을 찾아가는 날이 기다려진다.

■ 이승만 별장이 보이는 화진포 호수   ■ 평화통일 화장실

■ 금강산으로 가는 국도7호선   ■ 통일전망대에서 바라본 해금강

에필로그

푸른 꿈과 낭만을 찾아가는 국도7호선을 답사한 일행은 기대가 많았던 만큼 실망도 컸다는데 의견을 함께 하였다. 답사가 이어지면서 일행들의 도로를 보는 관점도 변화되고 지금까지 도로를 설계하는 입장에서만 보아왔던 것이 객관적 입장에서, 도로 바깥에서 도로의 외부경관을 바라보는 시선으로 바뀌고 있었다.

답사과정을 거치면서 우리들에게 던져진 주요한 명제는 "4차로 도로는 왜 달리기만 하는 도로일까", "왜 통과하는 지역의 삶, 자연, 문화와 단절되어 스스로를 지루하고 고독하게 만들고 있을까"였다. 과다한 자연훼손에 대응하여 이제라도 자연성을 회복하고 인공성을 완화시켜야 할 것이며, 정차형 쉼터를 군데군데 확보하여 주행자가 잠시 머물면서 주변을 바라보고 느끼며 달릴 수 있는 국도로 변화시켜야 한다.

도로의 내부경관 뿐만 아니라 도로의 외부경관이 심미적으로 이용자와 지역주민에게 다가갈 수 있도록 설계단계에서부터 다각적으로 검토하는 노력을 기울여야 할 것이며, 국도4차로 구간의 시가화가 된 지역 부근에도 부분적으로 교통정온화기법을 적용하여 정온화 된 교통환경 조성과 녹지교통섬, 길 어깨 쪽 식재, 특히 좌측 측대 폭의 조정으로 녹지중앙분리대를 적극 도입하여 그린네트워크가 확보된 녹색도로를 지향해야 할 것이다.

최근 떠오르고 있는 '도로재생' 패러다임을 적극적으로 접목하여 급한 내리막경사 끝에 위치한 평면곡선의 개량, 졸음운전을 일으키는 단조로운 선형의 조정, 긴 내리막경사 구간의 종단곡선 변화점 삽입, 과다한 절취보다는 압박감과 폐쇄감을 줄이고 주행하면서 잠깐씩 보이는 바깥조망을 즐길 수 있는 갤러리형 피암터널의 적용, 시가화 지역 인접구간의 도로환경 개선, 경관도로와 생태도로 기법의 적용으로 자연스런 주행을 유도하고 주행자를 편하게 하는 도로가 가까이 다가오는 날을 기대한다.

- 2014. 7. -

길의 정체성을 찾아 떠나는 국도48호선

프롤로그, '길의 지리적·사회적 의미'

'장소성'으로 도로를 떠올리기에 앞서 '길'의 지리적·사회적 의미는 '나'를 다른 사람의 세계로 이끄는 장소이며, 잠시 머물 수 있지만 어디론가 가야만 하는 것이 '길'이다. 길은 모습이 어떠하든지 간에 소통이 주요 목적이며 장소와 장소를, 지점과 지점을, 집과 집을, 개인과 개인을 이어주는 역할을 하며 길 위에서 소통이 이루어지고 고독한 점에 머물던 나를 세상과 관계를 맺게 해주는 통로가 된다. 길과 길은 서로 연계성과 계층성을 가지고 하나의 네트워크를 이루어야 하며 우리를 어디든지 이어주기 위해서 끊어짐이 없어야 제대로 된 기능을 한다.

'길'과 함께 존재하는 '다리'의 사전적 정의는 "계곡이나 강, 해협, 도로 등의 위로 건널 수 있도록 만든 인공구조물"로 다리, 교량의 기본적인 기능은 자연환경으로 나누어진 두 곳을 인위적인 시설물을 매개로 연결해서 인간의 활동공간을 확대시키는 역할을 수행하는 것으로 가능한 한 빨리 그러한 곳을 건널 목적으로 다리를 건설하다 보니 강, 하천을 건너면서 주변의 풍경을 바라볼 여유를 갖지 못하고 강 위의 다리에서 자연과 경관을 조망할 기회를 갖기가 어렵다.

다리는 근대화, 산업화의 상징이자 모더니즘의 산물로 볼 수 있으며 지금까지 도로건설에서 강, 하천을 장애물로 보고 극복의 대상으로 인식했던 시대상이 반영되어 가장 짧은 거리로 경제적으로 빨리 건설하고자 하였으나 이제는 하천을 도로가 통과하는 구간에 존재하는 자연의 일부로 생각하여 주변 환경, 경관과 조화되고 하천 양쪽의 문화를 교류시키는 관점에서 '다리'의 존재감을 인식해야 한다. 즉, 지금까지 기능적, 형이하학적 관점에 집착하였던 도로건설의 패러다임을 인문학적, 형이상학적 관점으로 넓혀가는 '교양 있는 엔지니어 Civilized Engineer'의 안목으로 접근해야 할 당위성이 제기되고 있다.

서울의 서쪽 끝 강서구 개화동에서 지금은 경인운하로 변해버린 굴포천을 건너 고촌면, 김포읍, 양촌면, 통진읍을 거쳐 강화도의 전등사, 마니산으로 낭만 가득한 김포 들녘을 달렸던 70~80년대 추억의 길은 90년대 들어 관광·레저수요의 증가로 김포에서 강화로 연결되는 도로는 지정체가 극심하여 '거북이 길'이란 달갑지 않은 별명을 갖게 되었으며, 양촌면을 지나 대곶면 대명리에서 강화도 초지진 쪽으로 건너가는 강화초지대교가 2000년대 들어서 가설되었으나 최근 국도48호선 주변으로 신도시가 들어서면서 그만 갈 길을 잃고 땅 속으로, 바깥으로 갈팡질팡하고 있으며 이제는 시가지 가로의 개념으로 바꾸어야 할 정도로 정체성 혼란을 심하게 겪고 있다.

그동안 지방지역 간선도로로 지역 간을 연결하며 지역의 정체성과 대표성을 띄고 있던 일반국도가 주변 토지이용의 급격한 변화로 도시지역 도로인 가로 street로 정체성이 변화되고 삭막해진 도로환경으로 몸살을 앓고 있는 민모습을 찾아보고 악화되고 있는 도로환경을 리모델링하여 제 모습을 찾아가는 도로재생의 관점에서 다가가고자 답사의 발걸음을 옮기고 있다.

국도48호선은 인천광역시에 속하는 강화도의 양사면 인화리에서 서울특별시 종로구 세종대로사거리에 이르는 연장 64.3km의 일반국도로 '강화~서울선'이라고도 하며 강화군과 김포시 서북부지역을 관통하여 김포공항, 성산대교를 거쳐 광화문 부근에 이르는 동서방향으로 뻗어 수도권 서북부지역 교통의 핵심기능을 담당하는 간선도로이다.

   1980년대 말 IBRD차관도로 사업에 실무책임자로 참여하여 국도건설에 처음으로 도로안전 road safety을 도입하기 위해 영국인 Supervisor Alan Ross와 함께 계획도면을 갖고 고촌면, 김포우회도로, 양촌면 지역의 주요현장을 누비면서 공장지대의 Service Road, 농경지역의 Frontage Road, 주요 교차지점의 도류화 channelization계획을 적용하는 도로안전진단(RSA)을 공부하였던 당시의 열정이 변화된 모습에 대한 우려와 교차되고 있다.

▎답사일정

날짜	시 간	주요일정	비고
10/31 (금)	10:00~11:00	서울역 → 인화리(교동대교)	국도48호선 시점
	11:00~11:30	교동도 답사	
	11:30~12:00	화점면 (강화지석묘 답사)	
	12:00~13:00	국도48호선 통진읍 우회도로 답사	舊도로 포함
	13:00~15:30	국도48호선 김포시내 구간 답사	舊도로 포함
		국도48호선 김포 신도시 구간 답사	지하도로 포함
	15:30~17:30	초지진, 광성보, 강화초지대교 답사	
11/1 (토)	07:00~08:00	출발	
	08:00~10:00	강화읍 (성공회강화성당, 고려궁지 답사)	
	11:00~12:30	경인아라뱃길 답사	
	12:30~14:30	경인아라뱃길 → 세종대로 사거리	국도48호선 종점

▌국도48호선 노선도

국도48호선 시점과 최북단의 섬 교동도

아침부터 비가 뿌리고 쌀쌀한 늦가을 날씨라 답사에 부담이 되었으나 강화도 지역으로 들어서면서 맑은 햇살이 비추고, 강화도 쪽 창후리 선착장에서 바라보는 교동대교의 모습은 덩그러니 입을 벌리고 바다에 떠있는 강화도에서 교동도를 오가던 화물여객선의 모습과는 대조적으로 산뜻한 사장교 형식으로 강화만을 가로지르고 있었다.

▌시점부 준공표석

국도48호선은 하점면 신봉리삼거리부터는 민간인출입통제구역으로 출입증을 교부받아 시점부인 양사면 인화리에 도착하였으나 국도 시점부 표석은 찾지 못하고 1998년에 설치된 "양사~하점간 도로개수 및 포장공사" 준공표석을 최근 폐쇄된 해병대 해안초소 아래에서 찾을 수 있었다. 이 지역은 민통선 구역이자 막다른 지점으로 90년대 말에 국도규격으로 개수되었으며, 총 연장 3.44㎞ 왕복2차로의 교동대교가 지난 7월에 개통되어 교동도 내의 군도11호선으로 연결되고 있다.

　강화도에서 먼발치로 바라만 보다가 처음으로 들어가 보는 교동도喬洞島는 생각했었던 것보다 평야가 넓고 두 개의 큰 저수지를 갖고 있는 자급자족이 가능한 섬이었다. 고려 충렬왕 때 유학자 안향이 원나라에 갔다가 공자의 초상화를 가지고 돌아오면서 모신 유서 깊은 교동향교는 제법 규모를 갖추고 있었으며 명륜당과 대성전은 물론 제수용품을 보관하던 제기고까지 갖추고 있는 상당한 규모의 향교이다.

　교동도는 고려시대 서해안에서 수도인 개경으로 출입하는 요충지로 행정구역의 단위가 '교동부'로 지정될 정도였으며, 조선중기 숙종 때(1629년) 경기수영京畿水營을 설치하여 경기·황해·충청의 삼도 수군을 지휘하였던 중요한 지역이었다.

　국가의 간선도로망인 일반국도의 시점부에 시점표석이 설치되어 있지 않은 것은 도로의 기능적 측면만 중요시하고 역사·문화적 관점은 도외시하는 도로관리청 관계자들의 저변에 깔린 인식이 적나라하게 드러난 단면으로 앞으로 소프트웨어 관점으로 사고전환이 필요한 부분이다.

　더불어 자연지형을 과다하게 훼손하지 않고 기존의 도로를 최대한 활용하는 관점에서 접근하지 않고, 오랫동안 이용하고 있었던 도로에 주행속도를 높이는데 주안점을 두는 하드웨어 관점의 일률적인 선형개량공사는 기존도로가 간직하고 있던 주변자연, 생활환경과 조화를 깨뜨리고 삶의 원래 모습을 흩트리는 이율배반을 저지르는 어리석은 행위라는 것을 주지시킬 필요가 있다.

　교동대교 종점의 봉소사거리는 군도와 이어지며 차량과 보행자의 교통량이 매우 적은 지역이지만 도로안전, 교통안전을 빌미로 과다한 규모의 교통섬, 안전지대의 과다한 시선유도봉 등은 도로환경을 훼손하여 오히려 도로안전과 도로환경, 도로경관 관점에서 부정적인 효과를 가져와 긁어 부스럼을 만드는 어리석음을 범하는 것 같아 안타까운 마음이 들었다.

┃국도48호선 시점전경   ┃교동향교

세계문화유산 강화지석묘를 지나 강화읍내로 가는 길

인화리에서 강화읍 외곽까지는 왕복2차로 구간으로 운영되고 있으나 이미 4차로 구간인 강화읍에서 인화리까지 왕복4차로 국도건설공사가 진행 중에 있어 한적한 시골길을 적당히 굽이굽이 돌아서 달리는 재미는 불과 2년 뒤면 질주만이 존재하는 4차도로의 삭막함에 파묻힐 것을 떠올리면 벌써부터 애잔함이 가슴으로 밀려든다. 국도변에 자리 잡은 세계문화유산인 강화지석묘는 북방식 고인돌 가운데 대형에 속하는 것으로 예전에는 주변의 포도밭과 어울려 서있는 모습이 자연스러웠으나 세계문화유산에 등재한다고 수만 평의 땅을 고르고 강화역사박물관까지 건립하여 지석묘에 가까이 접근하는 것조차 힘이 들 정도라 과연 이렇게 하는 것이 문화유산을 지키고 보전하는 올바른 방법인지 되묻고 싶다.

강화읍내까지 들어가는 도로는 아직 왕복2차로의 옛 정취를 간직하고 있지만 몇 년 후 "인화~강화 간 국도건설공사"가 마무리 되면 부분적으로 방치 될 기존도로를 경관을 훼손하지 않고 어떻게 활용할 것인지에 대한 방안이 마련되어야 할 것이며, 그러한 폐도활용계획 수립에 도로경관 등 관련분야의 전문가와 지역주민들이 참여하여 주민참여 public involvement 형태로 수행되면 사후관리는 물론 기후변화에 대응한 도로의 지속가능성도 유지될 것이란 바람이다.

■ 국도48호선 강화지역의 모습

강화읍 내에는 우리들이 미처 인식하지 못할 정도의 많은 역사·문화유산 자원이 있지만 강화풍물시장이나 인삼센터에 들렀다 마니산, 전등사, 보문사 등으로 발길을 옮기며 통과하는 지역으로 인식되어 그냥 지나치기 일쑤이다. 하지만 강화도는 고려시대 고종 때 몽골군의 침입에 대항하기 위해 왕도를 강화로 옮겨 39년간 유지했던 왕궁 터가 있으며 그 외 전통적인 한옥양식에 서양의 기독교식 건축양식을 혼합하여 1900년에 건립한 성공회 강화성당, 해안 쪽으로는 광성보, 초지진 등 근대사의 격랑 속 호국의 선봉에 나섰던 수많은 역사유적이 곳곳에 남아 급변하였던 19세기말 신미양요, 병인양요 등을 거치며 외적의 공격을 막아내던 관군의 붉은 피가 물들었던 역사의 아픔을 말해주고 있다.

강화 읍내를 통과하는 국도48호선은 4차로를 기본으로 제한속도 60km/h로 운영되고 있었으나 도시부와 지방부의 구분이 전혀 적용되

■ 세계문화유산 강화지석묘(상)와 경계석에 의한 보차도 구분(하)

길의 정체성을 찾아 떠나는 국도48호선 **65**

▣ 성공회강화성당(좌)과 신미양요 격전지 광성보(우)

지 않고 지방지역 도로가 그대로 도시지역을 통과하고 있는 상태로 도시지역 가로에 적합한 도로환경의 개선이 시급한 것으로 분석되었다. 강화읍 시내 전 구간에 설치되어 우리 일행이 강화특산품으로 별명을 붙인 마치 황소개구리와 같은 시선유도봉과 가드레일, 안전휀스, 방현망 등 과다한 시설물이 도시경관을 훼손하고 있으며 불필요하고 과다한 규모의 안내표지판, 제멋대로인 간판과 시설물들이 어지럽게 널려있어 도시미관을 고려한 통일성 있는 공생의 도시재생디자인 도입이 절실하였다.

이러한 문제점을 개선하기 위해서는 중분대 폭원이 확보되는 구간에는 부담스런 안전시설물을 철거하고 녹지중앙분리대를 설치하며, 부득이 시설물 설치가 필요한 구간은 지역특성, 주변경관과 조화되는 디자인이 반영된 시설물을 최소한으로 설치하여 편안하고 쾌적한 가로환경을 조성하여야 할 것이다. 그리고 강화읍 시가지 통과구간은 도시지역 도로특성에 맞게 교통정온화기법을 적극 도입하여 통과속도를 저감시켜 차량이용자와 보행자들이 안전하게 공존할 수 있는 정온화 된 공간으로 만들어야 한다.

▣ 과다하고 불필요한 안전시설물이 설치되어 있는 강화읍내 구간

시가지도로가 되어버린 통진우회도로

통진읍은 김포시 서북부에서 70~80년대 번창했었던 지역으로 90년대 말 우회도로가 개설되었으나 우회도로에 인접하여 남쪽으로 마송택지지구가 개발되어 본래의 기능을 상실하고 도시 내 도로기능을 담당하고 있는 기형적인 형태를 보이며 주변의 도로환경이 매우 열악한 곳이다.

당초 우회도로는 양방향 4차로 규모였으나 주변의 택지개발과 아파트 건축으로 구도로는 2차로, 마송우회도로는 8차로로 확장되어 운영되고 다시 전후구간 국도48호선에서 4차로 형태가 되는 모양으로 되어 있다.

전반적으로 보면 통진우회도로 전후구간은 4차로로 운영되고 있으나 시내를 통과하는 우회도로는 8차로로 운영되고 있어 차로운영계획이 불균형을 이루고 있으며 번잡한 주변의 토지이용과 조화되지 않고 통과교통에 의한 소음발생과 생활환경 저해가 심각하여 가로환경개선이 시급한 실정이다.

이러한 구간에는 우회도로 구간의 차로수와 차로 폭을 축소하여 녹지대와 측도를 조성하고 통과교통과 지역 내 교통을 분리시키고 도시부도로 특성에 맞도록 정온화계획이 반영되어야 할 것이며, 구도로의 일부구간은 보도 폭은 충분하지 않은 반면에 차로 폭이 과다하여 교통안전상 문제점이 있으므로 차로 폭을 일정하게 하고 적정 보도 폭을 확보하는 방안과 함께 교통정

▎통진우회도로 전경　　　　　　▎통진읍 구시가지 도로

길의 정체성을 찾아 떠나는 국도48호선

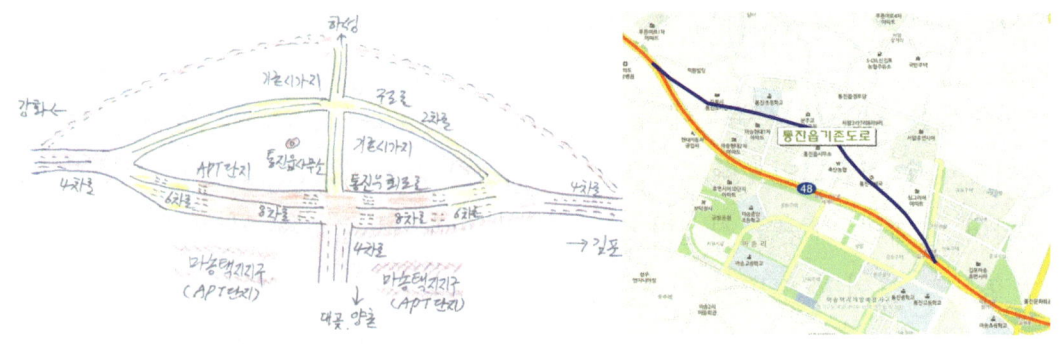

▮ 통진우회도로 주변의 토지이용과 기형적 형태

온화기법을 적용하여 시내를 통과하는 차량의 속도저감이 필요하다. 또한, 현재의 우회도로는 이미 도로용량과 기능에 한계를 나타내고 있으므로 북쪽 지역으로 새로운 우회도로 개설을 검토하는 것도 바람직할 것으로 판단되었다.

김포신도시와 김포시가지 우회도로

양촌읍과 김포시가지 사이의 장기택지지구와 연계하여 김포신도시계획, 한강신도시계획 등을 추진하는 과정에서 국도를 이용하는 통과교통을 지구 내 교통과 분리하기 위해 총 연장 2.2㎞ 왕복4차로의 장기지하차도가 건설되어 국도48호선이 땅 속으로 사라져 버리고 말았다. 이것이 국도48호선 답사를 '정체성을 찾아가는 길'로 명명하게 된 계기가 되어 그러한 관점에서 김포시 구간을 중점적으로 답사하며 분석하였으며, 행정중심복합도시의 건설과정에서 토지이용의 효율성을 우선시 하는 도시계획 관점에서 수백 년 동안 지역의 상징성을 가지고 있던 국도1호선을 아무런 거리낌 없이 임의로 땅 속으로 집어 넣어버리고 경제성과 토지이용의 효율화에 집착하는 일차원적 사고와 행태를 보며 그러한 눈앞의 이익에 집착하는 어리석음은 자제되어야 한다는 생각을 하였는데, 김포 신도시에서도 이러한 어이없는 일이 벌어졌으며 앞으로 이러한 사례가 아무런 거리낌 없이 관행적으로 개발과 경제성 논리에 맹목적으로 끌려간다면 과연 그대로 순응해야만 할 것인지 '교양 있고 의식 있는 도로전문가' 입장에서 심각한 고뇌를 하지 않을 수 없다. 어찌하였든 일반국도의 정체성은 일관성 있게 유지하고 살리는 것이 대명제가 되어 그러한 관점에서 관리되어야 한다.

김포 신도시 구간은 56,000세대로 계획된 한강신도시 규모를 감안하여 상부도로는 6차로 이상 규모로 운영하고 있었는데 땅 속으로 들어간 왕복4차로 위에 6~8차로 도로가 개설되어 있는 것은 지역 내 교통을 감안

▌장기지하차도와 상부도로

하더라도 교통체계에 대한 면밀한 검토가 필요할 것으로 생각되었다. 역시 장기지하차도의 진출입부와 벽면에는 경관디자인이 반영되어 있지 않아 삭막하고 단조로웠으며 상부도로와 접속도로도 온통 시선유도봉, 가드레일, 가드레일 중분대 등이 널브러져 있어 마치 전쟁터를 방불케 하여 주행자가 도로 속의 일부가 되어 존재하는 것이 아니라 살벌하고 삭막하고 불안한 도로환경에서 벗어나기 위해 오직 탈출을 위한 맹목적인 질주만 존재하고 있어 정온화 되고 편안한 도시지역 가로환경 조성을 위해 경관계획, 시설물디자인, 녹화계획, 교통정온화계획이 체계적으로 반영되고 지하차도 유출입부의 속도저감을 위한 완화구간의 설치도 필요한 것으로 판단되었다.

김포시내 우회도로는 90년대 초 IBRD차관도로사업 시 걸포천을 따라 4차로 우회도로로 개설되었다가 아파트단지 조성으로 6차로로 확장된 기존

▌김포우회도로　　　　　　　　　▌도로정비가 불량한 김포시가지 도로

우회도로가 있으며, 최근 장기동~풍무동 구간에 6차로 외곽우회도로가 신설되었으며, 기존 김포시가지 내 도로는 2차로 도로로 운영되고 있다.

왕복6차로인 외곽우회도로는 한강변도로로 장거리 교통이 분산됨에 따라 교통량이 매우 적음에도 불구하고 과다한 차로수로 설계되었으며, 본선의 성토비탈면과 기존48호선 접속부에 대한 녹화식재가 필요한 것으로 판단되었다. 우회도로는 차로 폭 조정을 통해 녹지중앙분리대 설치를 검토해야 할 것으로 생각되며 가로변 녹화계획 수립도 필요하다.

기존 김포시가지 내 도로는 과다한 내부통행량과 시내버스 통행에 따른 상시지체가 발생하여 이에 대한 대책이 필요하며, 교통정온화 관점에서 집산도로 수준의 가로망 정비사업이 시행되어야 할 것으로 판단되었다.

▌김포 신도시 구간 국도48호선(좌)과 김포시가지 우회도로 구간(우)

서울시내의 국도48호선 모습들

국도48호선 서울시내 구간은 개화~김포공항~성산대교~성산로를 거쳐 세종대로사거리에 이르며, 세종대로사거리의 서울시 도로원표를 통해 종점을 알 수 있었다. 서울시 구간은 일반국도이나 서울시가 운영·관리 중에 있으며, 시가지도로로서 국도 특성을 반영하기에는 무리가 있다.

국도48호선 강서구 구간의 경쟁노선인 올림픽대로의 경우 녹지중앙분리대와 가드케이블, 개방형 가드레일이 적용되어 친환

▶ 서울시 도로원표, 국도48호선 종점

경, 경관성이 양호하여 도시지역 도로에 대해서 확대 적용하는 방안에 대해 검토가 필요할 것이며, 시내 일부구간은 중앙버스전용차로와 일반차로의 구분을 위해 녹지대를 설치하였는데, 그 외 구간에도 녹지대와 도시지역 가로 경관계획이 반영되어야 할 것으로 판단되었다.

근래 들어 안전시설, 특히 가드레일에 대한 충돌조건이 강화되어 시야를 가리지 않고 조망성이 확보되는 노측 가드케이블과 녹지중앙분리대와 겸용하여 설치된 가드케이블이 점점 사라지고 육중한 모양의 가드레일이 그 자리를 차지하여 도로를 달리며 바라볼 수 있는 녹지경관이 점점 사라지고 있어 안타깝다.

선진국인 일본에서도 해안도로와 강변도로의 노측에는 조망성을 고려하여 가드케이블을 적용하고 있으며 미국, 호주 등에서도 해안도로 등 경관이 뛰어난 지역에는 가드케이블이나 높이가 낮은 가드레일을 설치하거나 아예 주행속도를 제한하여 도로내부경관 관점에서 경관저해요소가 될 수 있는 과다한 안전시설물의 설치를 최소화하거나 아예 설치하지 않고 자연스런 풍경을 도입하는 사례를 벤치마킹하여 차량이 과속하여 충돌하는 것을 전제로 한

하드웨어적 발상에서 탈피하고 적정한 주행속도를 적용하여 일률적인 설계속도 적용이 아닌 지형조건에 맞는 주행속도와 쾌적한 도로환경이 유지되도록 하여야 할 필요성이 있다.

▎녹지대 설치를 통한 버스전용차로와 일반차로 분리

새롭게 변신하는 길 - 도로재생

조상들이 수백 년 동안 걸어 다녔던 길을 따라 차들이 달릴 수 있도록 찻길이 만들어졌으며, 달리는 차들이 많아지면서 길을 넓히고, 자동차를 빨리 달리게 하려고 육교를 놓다보면 횡단보도가 없어지고 사람의 안전을 생각한다고 가드레일을 무작정 세우다보니 정작 사람들은 보도에 갇히는 신세가 되고 점점 나아가 차량과 사람이 완전히 분리되어 차들은 사정없이 쌩쌩 달리고 사람은 무서운 도로에서 어쩔 수 없이 쫓겨나는 아웃사이더의 신세가 되어가고 있는 것이 지금 우리의 민모습이다.

70년대, 80년대에는 강화도 마니산이나 전등사에 놀러갔다가 시외버스가 끊겨서 해프닝을 벌인 이야기가 회자되기도 하였으며, 국도48호선이 양촌면까지 확장되기 이전에는 김포시가지를 막 지난 나진교 입구에서 주홍색 명찰을 단 해병대 헌병이 강화행 버스에 올라와 검문한다며 승객들을 잠시 긴장시키기도 하였던 추억이 사라진 90년대 중반이후, 김포지역이 수도권 서부지역으로 개발되면서 현기증이 날 정도로 주변은 바뀌고 있다. 2차로에서 4차로, 어느새 6차로, 다시금 또 다른 우회도로가 생기고 강변도로가 개설되더니 그물망처럼 어지럽게 도로가 건설되고 넓디넓은 김포평야를 메꾸어 불어오는 북서풍을 막아버릴 정도로 방풍벽처럼 빼곡히 아파트가 들어서더니, 어느새 국도48호선이 땅 위에서 사라져 버렸다.

■ 국도1호선 구간의 환경정비 사례 　　　■ 친환경성이 반영된 졸음쉼터 사례
 (전라북도 완주군 삼례읍) 　　　　　　　 (호남고속도로 전북 정읍시)

　도로의 역할과 기능, 자연-환경-인간과 조화를 생각하며 1박2일 동안 국도48호선을 달리며 걸으며 둘러보며, 현재를 살아가고 있는 우리에게 있어 도로는 어떠한 의미를 가져다주는 대상이고, 어떠한 모습으로 존재하여야 바람직한 것인지를 고뇌하였다. 하루가 다르게 진화하고 변화하는 도로가 어떠한 모습으로 달라지는 것이 바람직한 것인지, 번잡하고 살풍경하고 인간성이 상실되어 가는 황무지 같은 거리에서 주체가 되기도 객체가 되기도 하며 망설이며 서성거렸다.

　사라져가는 국도48호선의 정체성을 찾으러 나섰던 이번 답사는 역사와 문화유산의 흔적을 살펴본 감흥은 잠시뿐, 마치 끝나지 않은 전쟁터에서 돌아온 병사의 기억처럼 혼미함이 가득하다. 경제성과 기능성, 효율성의 논리에 갇혀 노선이 통과하는 지역의 대표성과 정체성을 상실하고도 미처 의식하지 못한 채, 안전을 빙자한 온갖 시설물로 치장되어 병들어 가는 자신의 모습을 치유할 생각은커녕 방치되어 있는 삭막하고 살벌한 도로환경에 내팽겨진 국도를 어떻게 추억을 되살리고 사람들이 가까이 다가갈 수 있는 조화롭고 편안한 모습으로 되찾아가야 할 것인가.

　이번 답사를 마무리하며 절절하게 다가오는 것은 도로와 환경과 인간이 조화롭게 공존하는 문제는 기술적, 기능적 관점에 충실하려는 형이하학적인 사고에 집착하는 엔지니어의 영역에 속하는 것이 아님을 깨달았다. 이제야 진하게 다가오는 깨달음은 국도 주변에서 삶을 영위하는 사람들의 적극적인 참여와 다양한 분야의 소양과 창의적이고 융합적인 사고를 가진 교양 있는 엔지니어와 관련 전문가들의 지식과 사상, 철학의 결과물로서 집약된 도로환경이 '도로재생' 차원에서 제시되고 반영되어야 1차원적 '생존'에서 탈피하여 품격을 헤아릴 수 있는 다차원의 '생활'로 도약할 수 있으며, 그러한 커뮤니티와 이상적인 노력이 결집되었을 때 그 속에서 살아가는 삶의 모습과 편안하고 자연스런 길의 모습이 곧 문화유산이 되어 현재를 넘어 미래까지 이어질 것이라 인식을 하였다.

'도로미학 highway aesthetic'은 다양함 속에서 안전을 추구하는 것으로 단조로움은 훌륭한 미관과 안전운행 모두의 적이며, 시각적인 즐거움을 무디게 하고 안전운전에 필수적인 주의력을 떨어뜨린다. 따라서 우리가 추구하는 품격 있는 도로는 안전, 기능, 경제적 측면뿐만 아니라 미학적으로 즐거움을 주는 3차원 구조로서 고려되어야 한다.

- 2014. 11. -

국도35호선 봉화군 명호면~법전면, 삼동고개

답사를 시작하며

국도35호선은 부산에서 강릉까지 연결하는 산악형 도로로서 특히, '청량산 도립공원'을 끼고 통과하는 봉화군 명호면 북곡리에서 법전면 소천리 구간은 자연환경과 경관, 주변의 문화적 요소가 매우 뛰어난 도로이다.

본 구간은 2014년, 국토부 설계방침 심의과정에서 기존 산악도로를 보존하는 것이 논쟁의 핵심이 되었던 노선으로 성능개선공사의 설계 시, 기존도로를 단순히 기능적으로 개량하는 관점이 아닌, 안전이 확보된 도로기능과 함께 우수한 자연환경, 경관, 역사, 문화요소의 보존을 강조하였다.

도로가 단순히 자동차를 수용하는 공간이란 개념에서 벗어나 도로의 가치를 보존하고 함양하여 도로가 문화자산임을 널리 알리고 인식시키는 관점에서 접근해야 인간의 오만과 자만심으로 소중한 자연과 문화를 한 순간에 잃어버리는 어리석음을 범하지 않는다는 다짐을 하며, 2013년 '도로경관 개선 활용방안 연구', 2014년 개인답사에 이어 2019년 11월 22일~23일, 이름다운 경관도로를 찾아 세 번째 답사에 나섰다.

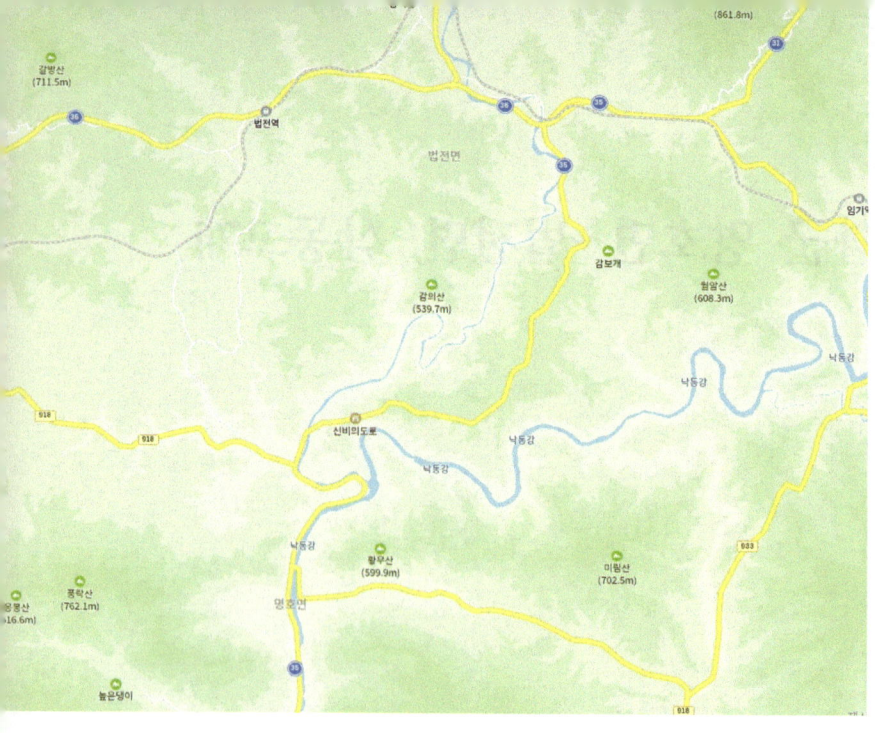

■ 국도35호선 봉화군 명호면
~법전면 삼동고개

한국에서 가장 아름다운 길

국도35호선 봉화구간은 산악지역을 통과하여 겨울철 결빙으로 통행에 애로사항이 있는 구간이지만 반면에 주변의 빼어난 자연환경과 경관으로 세계 최고권위 여행정보안내서 '미슐랭 그린가이드'에서 인정한 국내에서 유일하게 별점(★) 하나가 매겨진 '한국에서 가장 아름다운 길'이며, 2011년 문화체육관광부에서 지정한 '사진 찍기 좋은 관광명소', 국토교통부에서 '국도 드라이브코스 Best 10', '한국의 경관도로 52선'에 선정된 청량산 운치에 취하는 산길이다.

명호면에서 법전면 구간은 강원도 태백시에서 발원한 낙동강이 운곡천 합류지점에서 낙동강의 시발점이 되어 청량산을 휘돌아 안동호로 흘러들며, 주변에 청량산, 청량사, 농암종택, 도산서원, 사미정, 옥계정 등 관광자원과 역사문화 자원이 풍부한 곳으로 이러한 자원들이 곧 도로문화로 연계되어야 할 것이다. 특히, 퇴계선생이 도산서원에서 청량산 청량사까지 걸으면서 지인들과 교류하고 사색을 즐겼던 '퇴계가 걷던 길'은 사색과 힐링의 트레킹 코스로 자리 잡고 있다.

▎삼동고개와 계곡의 운해

 다행히도 삼동고개 구간은 2014년 설계방침 심의단계부터 보존의 중점대상이 되어, 기존 산악도로를 살리고 자연의 아름다움과 역사문화를 담아내는 '자연감성과 문화감성이 살아있는 감성도로'를 컨셉으로 설정하여 개발과 보존의 양면이 조화된 지속가능성을 고민하여 기존도로의 단절을 방지하면서 접근성을 확보하며, 자연환경 훼손을 최소화 하고 적절한 종단계획과 교량, 터널을 최대한 적용하는 경관계획을 반영하여 인근마을 주민들을 배려하고 자연 속에 숨은 교량과 터널 만들기, 식재계획의 반영, 자연소재를 적용한 부대시설물, 단순하고 간결한 구조물 형태 등을 고려하였으며, 현재 시공 중에 있다.

삼동고개를 오르내리며

 봉화군의 북쪽방향인 법전면에서 명호면에 걸쳐있는 삼동고개는 해발 464m의 높지 않은 고개이지만 옆으로 청량산, 문명산, 황우산, 미점산 등이 솟아 있고 낙동강이 명호면 소재지에서 운곡천과 합류하여 낙동강 시발점을 이루는 지점과 닿아 있다. 삼동고개 정상을 넘어 명호면 방향으로 달리다 범바위 전망대에서 계곡으로 바라보는 굽이굽이 돌아가는 낙동강의 역동적이고 풍부한 수량을 간직한 모습은 탄성이 저절로 터져 나올 정도이며, 특히 넘어가는 석양을 받으며 자연의 색상을 은은하게 뿜어내는 울창한 삼림과 하천, 계곡은 가을철 단풍이 막바지 화려함을 뿜어내듯 온 몸을 가득 채우며 힐링으로 끌어당긴다.

이 고개에는 도로선형에서 특별한 점이 두 가지가 있는데, 제주도 노형동의 도깨비 도로와 같은 '신비의 도로'가 있고, 근래 들어서 선형개량과 확장사업으로 찾아보기 힘들어진 '헤어핀 구간'이 있다. 그리고 도로문화 관점에서 험준한 산악을 통과하는 길에 흔히 서려있는, 길손이 갑자기 나타난 호랑이를 잡았다는 곳의 범바위 전망대와 범바위 쉼터 등이 있다. 범바위에서 잠시 가던 길을 멈추고 바라보는 낙동강 상류는 지형 형국이 목마른 말이 내려와 물을 마시는 '갈마수음형' 형상으로, 명明을 상징하는 산태극 수태극 형국으로 향배하여 축원하면 소원을 성취한다는 이야기가 있다.

■ 낙동강 상류(상)와 범바위 전망대, 쉼터(하)

법전면에서 삼동고개를 넘어 명호면을 지나 안동시 와룡면으로 가는 길은 봉화의 명산 청량산과 도산서원을 찾아가는 길로 도로를 따라 옆으로 흐르는 맑은 낙동강 물줄기가 잔잔한 교향곡처럼 운율을 자아내고, 운전자의 눈길은 단층대 형상 절벽으로 간간이 나타나는 수려한 모습의 바위를 넘어 빼어난 청량산 자연 속으로 이끌려 들어간다.

낙동강 시발점에 있는 래프팅센터에서 잠시 숨을 고르고 얼마 전 가설된 현수교를 건너 산자락 쪽으로 강변을 걷다 보면 산,,,강,,,바람,,,하늘,,,숲,,,계곡,,,바위,,,돌,,, 모든 자연이 하모니를 이루며 온 몸을 가득 채우는 느낌에 어느 듯 자연과 하나 됨에 빠져든다. 그런데 이 현수교는 자연이 빼어난

▌낙동강 시발점(상)과 현수교(하)

깊은 산 중에 가설된 교량으로 조명형식이 기둥으로 노출되거나 난간에 매입된 형태가 아닌 교량 바닥에 매입되어 바깥으로 빛이 새어나감을 최대한 절제한 부분이 돋보여 친환경 관점에서 본보기 사례가 되었다.

낙동강 시발점 주변을 돌아보고서 다시 방향을 돌려, 명호면 소재지에서 법전면 방향으로 산악도로를 오르게 되면 올라가는 길이 고도가 점점 높아지며 하늘에 가까워지는 기분이 들고 먼저 마주하게 되는 곳이 '신비의 도로'이다. 완만한 경사와 급경사가 이어지면서 착시현상이 생겨 내리막길처

럼 보이지만 실은 오르막길이 형성된 구간으로 '신비의 도로' 안내판이 세워져 있을 뿐 특이한 도로에 대한 설명이나 운전자가 시동을 멈추고 보이는 것과 실제 차량이 어느 쪽으로 움직이는지 체험할 수 있는 시.종점 구간 등이 안내되어 있지 않아 운전자들은 안내판만 쳐다보고 그냥 지나치고 말지만, 우리 일행은 차량을 멈추고 내리막처럼 보이는 길에서 차량이 뒤로 밀리는 것을 경험하고서 가파른 길의 '헤어핀 구간'을 지나 쉼터에 도착하였다.

신비의 도로 지점에서 범바위로 올라가는 구간에는 심한 단차를 극복하기 위해 특이한 곡선교량을 가설한 '헤어핀' 구간을 형성하고 있는데, 이러한 산악지역 헤어핀 구간에 가설한 교량을 아래에서 올려다 볼 수 있는 조망점이나 포토존을 설치하면 아름답고 특이한 산악도로를 더욱 가까이 느낄 수 있지 않을까 하는 아쉬움이 들었다. 헤어핀 구간 교량을 막 지난 지점에 자리 잡은 범바위 쉼터는 주행하면서 접근하기 어려운 지점에 자리를 잡았지만 그래도 길손에게 휴식처를 마련해주었다.

연이어 나타나는 범바위 전망대에는 호랑이 두 마리와 설명판이 세워져 이곳의 유래를 설명하고 있다. 전망대에서 다시 내려다보는 낙동강 상류는 휘돌아 내려가는 모양이 어느 곳의 지형보다 웅장하고 힘이 서려있는 형세라 바라보는 길손에게도 힘찬 에너지가 전해졌다. 길손을 잠시 쉬어가게 하는 범바위에 서려있는 전설은 '조선시대 고종 때, 통덕랑인 송암 강영달이란 선비가 한양에 다녀오던 중 낙동강 용소 뒤편에서 조상묘를 원배하던 중에 나타난 호랑이를 잡았다'는 줄거리로 낙동강을 내려다보고 있는 호랑이상이 용맹한 기개를 뽐내고 있지만 조형물은 어쩐지 어색하였다. 원래 이곳에 있었던 바위는 범의 형상과 닮았었지만 90년대 초, 도로개설 시 원형이 일부 손상되었다 하니 도로문화를 찾고 있는 연구자로서 안타까운 마음만 가득할 뿐이다.

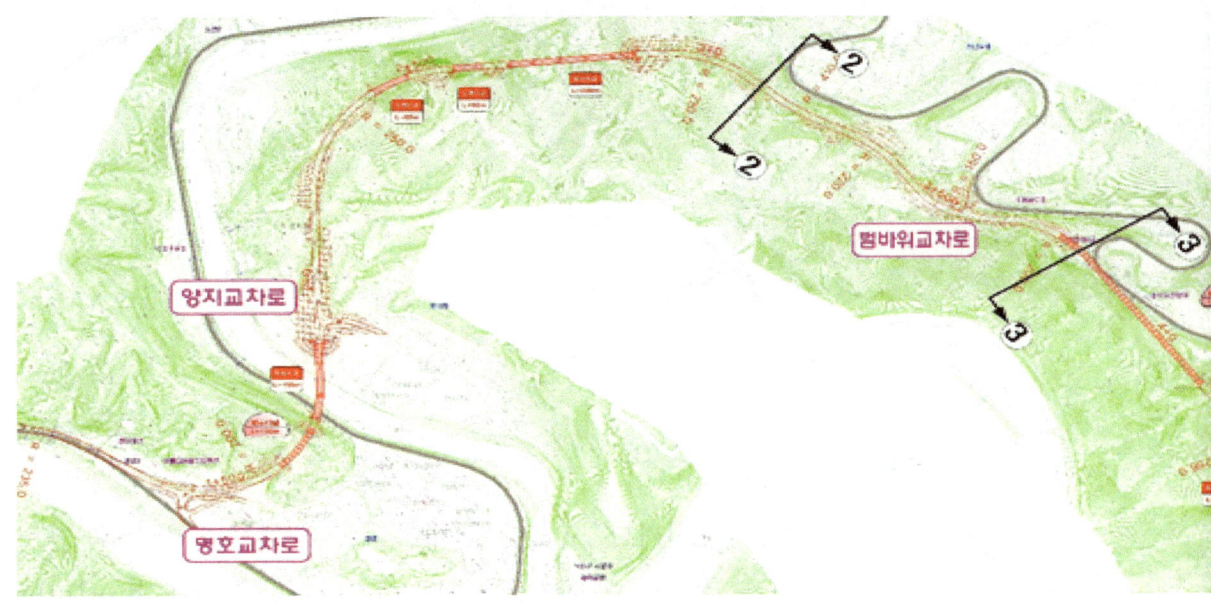

▎삼동고개 구간 노선계획

　범바위 전망대를 지나 삼동고개 정상에 다다르면 오른쪽 미점산, 황우산 계곡과 낙동강 상류 위로 펼쳐지는 운해는 정말 탄성이 저절로 터져 나올 정도로 압권이 아닐 수 없다. 도시에 살고 있는 우리들이 언제 이러한 자연의 웅장한 모습에 잠시나마 심취할 수 있을 것인가? 삼동고개 정상에서 운해를 바라보며 잔잔한 감동을 느낄 수 있었다는 것은 안동호의 새벽 물안개와 함께 이번 답사가 준 큰 선물이었다.

　다행히 국도35호선 와룡 ~ 법전 구간에서 백미로 꼽히는 삼동고개 구간은 설계방침 심의단계에서 어색한 분위기에도 불구하고 심각하게 논의된 환경, 경관, 역사, 문화관련 사항을 설계책임자가 충분히 이해하고 수용하려 노력한 결과로 개발과 보존이 조화를 이루어 '한국에서 가장 아름다운 길'로 선정된 도로가 훼손되지 않고 우리들의 도로문화 자산으로 남아 자손 대대로 이어갈 수 있도록 삼동고개 구간을 보존하며 일부 신설도로를 계획하여 도로여건을 개선하는 방향으로 공사 중에 있어, 안도의 숨을 쉬며 나름대로 보람을 느끼는 한편, 심의 당시 소수의견을 내며 곤혹스러웠던 장면이 떠올랐다.

■ 삼동고개 구간 신비의 도로(좌)와 쉼터(우)

신비의 도로와 도깨비 도로

내리막이 오르막으로 보이거나 오르막이 내리막으로 보이는 착시를 일으키는 도로를 '도깨비 도로 spook road'라 하는데, 비슷한 이름으로 신비의 도로 mystery road, 중력 언덕 gravity hill, 요술 도로 magic road 등으로 불리지만 학문적으로는 반중력 언덕 antigravity hill로 불린다. 전 세계에 이렇게 착시를 일으키는 도로는 많이 알려져 있으며 미국, 영국, 이탈리아, 호주, 일본 등 약 30개국 130곳 이상이 알려져 있다(wikipedia, 2016). 우리나라에도 도깨비 도로가 다수 있으며, 대표적으로 제주도 노형동의 도깨비 도로가 1981년에 발견된 이후 관광자원으로 개발하여 널리 알려져 있다.

하지만 우리나라에서 도깨비 도로는 관광이나 흥미의 대상으로 다뤄져서 몇몇 지자체에서 경사 착시에 대한 설명을 제공하고 있지만, 과학적 관점과는 거리가 멀고 일부에서는 도깨비를 세워 두거나 가공된 이야기가 담긴 안내판을 설치하여 미신적 신비감을 불러 일으켜 방문자들의 이성적 접근을 방해하는 경우도 있다.

세종시 비암사 앞에 있는 도깨비 도로 안내판의 설명 일부를 보면 다음과 같은데, 지자체에서 안과 전문의와 지질학자를 찾아 자문을 받아 과학적인 설명을 하려는 노력이 돋보이지만 뇌가 왜 착각을 일으키는지, 착각을 일으키는 지형지물은 무엇인지에 대한 설명은 없다.

"눈은 사물을 있는 그대로 망막에 투영하지만 뇌가 이를 판단하는 과정에서 착각을 일으키는 증상으로 안과 전문의들이 설명하는 반면, 지질학자들은 도로 주변의 지형지물 등의 정황 때문에 착시가 나타나고 있다 설명한다."

도깨비 도로 현상은 경사가 비교적 완만한 지형에서 나타나고 있으며, 경사 착시의 원인을 분석하면 이웃한 도로와 경사 대비, 주변 물체들과 관계에서 오는 맥락적 높이로 설명되며 이 요인들은 같은 도깨비 도로 구간에서 복합적으로 나타나는 경우가 흔하다.

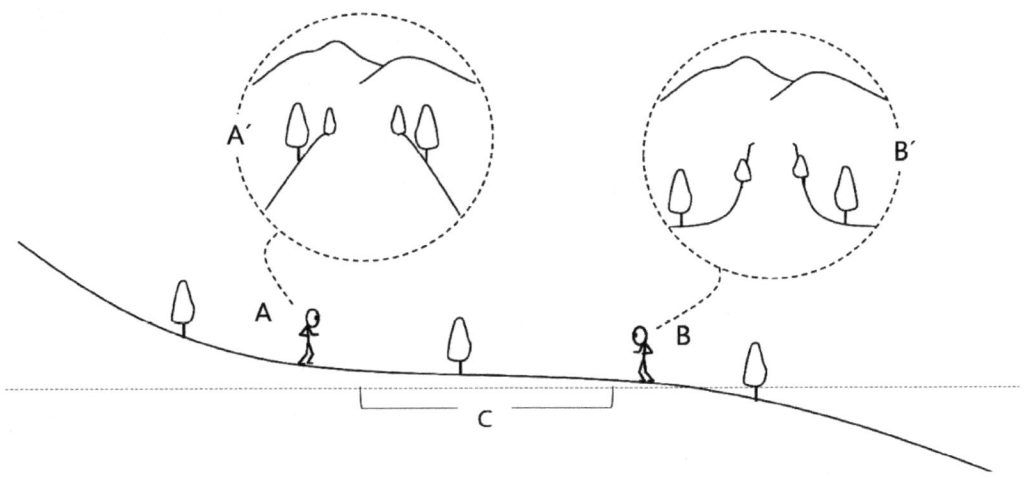

맥락적 높이 : 관찰자 A에게 구간 C는 A'처럼 비치는데 나무들의 높이 맥락으로 인해 오르막으로 지각할 수 있다.

경사대비 : 관찰자 B에게 구간 C는 B'처럼 비치는데 먼 도로와 경사 대비로 인해 바로 앞 구간이 내리막으로 지각될 수 있다. 그렇지만 구간 C는 다른 두 도로와 같은 방향의 낮은 경사로 도깨비 도로 현상이 일어나기 쉽다.

다음의 그림에서 볼 수 있듯이 완만한 경사와 가파른 경사가 연이어 있을 때, 완만한 경사가 실제와 반대 방향으로 지각될 수 있다. 가파른 언덕을 향해 관찰자가 바라보면 완만한 도로는 경사 대비로 인해 내리막으로 지각될 수 있으며, 반면에 완만한 내리막 시작 지점에서 가파른 내리막을 향해 보았을 때 완만한 내리막이 오르막으로 지각될 수 있다.

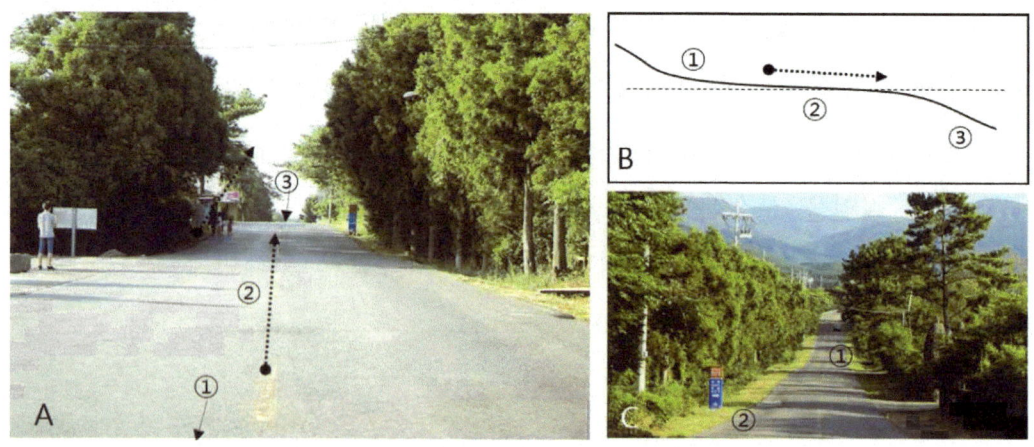

▎제주 노형동 도깨비 도로

 이러한 도깨비 도로가 발생하는 원인을 유형별로는 시각적 단절과 맥락적 높이, 직선으로 연결된 도로에서 경사 대비, 갈라진 도로의 경사 대비, 경사 동화 등으로 구분될 수 있으며, 이러한 도깨비 도로를 통해 도로가 단순한 통행수단이 아닌 과학적 원리가 녹아있는 공간이란 인식을 심어주고 이러한 현상을 제대로 설명하고 경험할 수 있게 하여 많은 사람들이 찾아올 수 있는 도로문화 차원으로 자리 잡아 지역 활성화로 이어지도록 하는 것이 바람직할 것이다.

헤어핀 구간

 헤어핀 hair pin구간이란 높은 산길을 오르내리는 도로의 곡선반경이 작게 형성되어 마치 머리핀처럼 심하게 돌아가는 형상의 구간을 말하는데, 주로 산악지역에서 발생되는 도로의 평면곡선 형태이다. 도시지역에서는 미국 샌프란시스코의 Lombard Street 언덕길이 대표적인 관광명소로 자리 잡아 많은 관광객들이 찾고 있지만, 우리나라에서는 도로선형 개량과 확장사업으로 일반국도 구간에서 점점 찾기 힘든 것이 되고 있어 추억 속으로 사라지고 있다. 다행히 일부 산악구간에는 이런 구간이 최근 명소가 되어가고 있는 추세라 헤어핀 구간에 대한 인식을 높이고 도로의 흔적으로 살려가야 할 필요성이 제기되고 있다.

 국도35호선 삼동고개 구간에도 이러한 헤어핀이 교량구간에 남아 있어 편의성만 앞세워 이러한 흔적을 사라지게 하는 어리석음을 범하지 말아야 한다는 조바심이 세 차례의 답사 때마다 떠나질 않았다. 이런 헤어핀 구간은 '한국의 경관도로 52선'에서 지방도737호선 정령치 구간(남원시 주천면 고기리~정령치)이 선정되었으며, '한국의 아름다운 길 100선'에서도 지방도 1023호선 지안재 구간(함양군 마천면 의탄리~함양읍 구룡리)이 아름다운 야경으로 선정되어 많은 사람들이 찾고 있으며, 강원도 정선군 화암면 문치재도 뱀고개로 불리며 명소로 부각되고 있는 것을 본보기로 삼아 삼동고개

▌삼동고개(상)와 정선 문치재(하) 헤어핀 구간

구간도 '신비의 도로', '헤어핀 구간', 범바위 전망대, 청량사, 청량산, 낙동강 래프팅, 봉화와 안동권의 문화유적 등을 묶어서 체험할 수 있는 도로문화 벨트로 함양하면 지역 활성화와 연계되어 이용자들이 아름다운 도로를 경험하며 도로에 대한 인식을 달리 하고, 주변의 자연과 문화를 새롭게 느낄 수 있으며 지역에도 도움이 되는 좋은 문화프로그램이 될 것이다.

답사를 마무리 하며

11월22일~23일에 걸쳐 내륙 오지인 경상북도 봉화군 법전면에서 안동시 와룡면에 걸쳐 국도35호선의 도로문화를 찾아가는 답사를 하였다. 이번 답사는 국토교통부 과제인 '도로경관 개선 및 활용방안 연구, 2013년'를 수행하며 우리나라에 정말로 볼거리와 이야기 거리를 제대로 간직하고 있는 아름다운 도로가 있다는 것을 인식한 후, 개인적으로 2차 답사를 하였으며, 마침 설계방침 심의회의에 올라온 본 노선의 심의에 참여하게 된 우연하지 않은 인연으로 삼동고개 구간을 살려야 한다는 의견을 주위의 눈총을 마다 않고 역설하였던 바, 다행히도 '한국에서 가장 아름다운 길'로 선정된 길이 설계책임자의 높은 인문학적 소양과 적극적인 노력으로 보존되고 있음을 확인하고 안도하였다. 앞으로 수년 후, 도로공사가 완료되면 개량된 도로와 삼동고개 길이 어떤 모습으로 조화롭게 공존하며 이용자들에게 사랑받는 아름다운 길로 남을 것인지, 가슴 가득한 설렘으로 다가온다.

- 2019. 12. -

한계령 길, 지속가능한 Eco Road로 가는 길

시작하는 글

우리나라 최고의 경관도로라 불리는 국도44호선 구간의 한계령 길은 가을철 단풍으로 물든 경치로 아름답지만, 지난 2006년 7월 강원지방에 내린 시간당 122㎜라는 사상 초유의 국지성 호우로 얇은 표토가 암반층과 분리되면서 산사태가 발생되어 대부분의 도로가 유실되며 전 구간 교통이 단절되는 엄청난 피해가 발생하였다.

집중호우에 따른 포장파괴, 비탈면유실, 도로유실, 교량파괴 등 피해사항이 극심하여 설악산국립공원 천연보호구역으로 자연경관이 수려하고 환경적, 생태적 관점에서 보전가치가 높은 구간임을 고려하여 친환경·생태도로로 복구한 국내 유일한 사례이다.

2007년 수해복구공사 이후로 생태계 복원이 서서히 이루어지고 있는 것으로 파악되고 있으나 체계적인 유지관리와 모니터링을 통해 '친환경·생태도로'의 자리 잡기가 되어야 할 노선이므로 '탄소중립형 그린네트워크 설계기술 개발' 사례조사의 대상지로 선정하여 도로와 생태, 경관을 아우르는 답사의 프레임을 구성하였다.

한계삼거리에서 오색약수터로 가는 길

진부령, 속초 쪽으로 달리는 국도46호선과 갈라지는 한계삼거리는 언제나 관광버스가 몰리는 곳으로 '테마도로 기본계획, 2009'에서 46호선 '한계삼거리~진부령~간성읍 대대삼거리'까지를 테마가 있는 도로로 조성하기 위한 계획을 수립하였는데, 당시 4차로 확장공사 중이던 도로가 지금은 겁 없이 씽씽 달리는 4차로 도로로 개통되었으며, '북천'을 따라 지나가는 3~4㎞ 강변도로 구간만 자투리 길로 남아 자전거 길로 이용하고 있다.

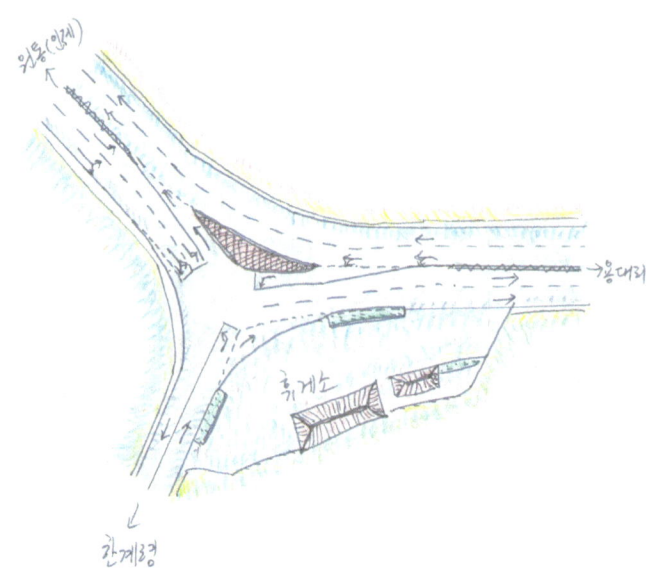
▌한계삼거리의 기하구조

당초 국도46호선은 산천초목山川草木의 자연테마를 도입하여 설악산국립공원과 진부령 준령들이 조화를 이루는 핵심경관자원을 사계를 통하여 느낄 수 있는 테마도로를 조성하는 것으로 구성하였으나 시행과정에서 시행중이던 사업과 연계성이 확보되지 않아 결과적으로 아쉬움만 남기고 말았다. 한계삼거리는 전면 신호처리가 아닌 도류화 계획으로 용대리에서 원통방향은 항상 직진처리가 되는 3지교차로가 설치되어 그나마 다행이었다.

1971년 12월 3군단 공병단 제125야전공병대대에 의해 군사작전도로로 개통된 한계령 길은 영동지방 양양에서 영서지방 인제로 넘어오는 중요한 도로이자 경관이 수려한 한계령을 통과하는 노선으로 1970년대 후반 영화 '가을비 우산 속에'에서 당시 선망의 대상이었던 스타 신성일과 정윤희가 주인공으로 캐스팅되어 한계령과 경포대를 배경으로 Love Story를 펼쳤는데 당

▪ 한계령 길 답사구간 (2013. 10. 24 ~ 25)

시 강릉에서 군복무 시절, 강릉극장에서 가슴 설레며 영화를 감상하던 추억이 새록새록 되살아난다.

 한계령으로 가는 초입인 한계삼거리 주변에는 최근의 레저수요 증가를 보여주듯 여기저기 펜션이 자리 잡고 있다. '한계삼거리~한계령휴게소~오색약수터'까지는 25㎞, 전 구간을 걸어서 답사할 경우 왕복 50㎞, 2박3일이 소요되는 일정이라 한계령휴게소까지는 차량으로 이동하며 답사하고 휴게소에서 오색까지 약 8㎞구간은 도보로 이동하며 왕복답사 하는 것으로 조정하였다.

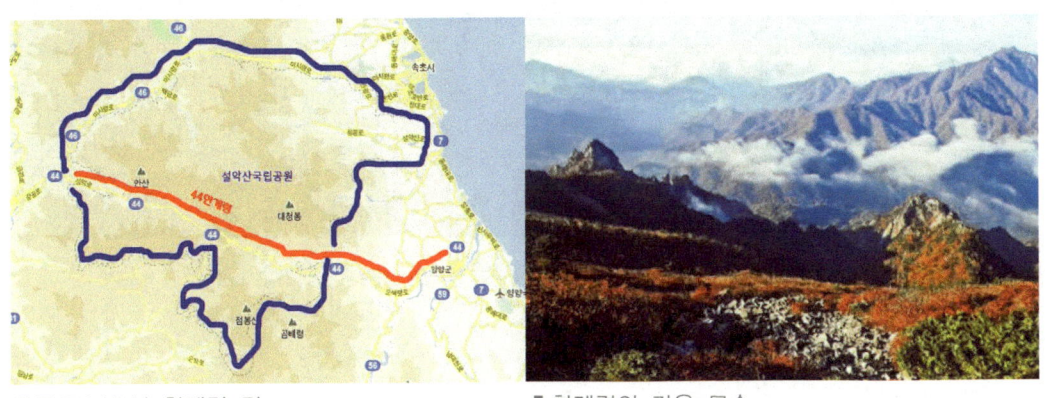

▪ 국도44호선 한계령 길   ▪ 한계령의 가을 모습

생태통로, Eco Bridge

 한계령 길에는 장수대를 지나 동서방향으로 이어지는 서북능선과 연결되는 지점에 생태통로가 있다. 상부에는 식재, 차단벽, 족적판, CCTV 등이

▎한계령 길 생태통로   ▎생태통로 위 족적판

있으며, 전후에는 침입방지 유도울타리가 설치되어 있다. 동물이 횡단하는 지점에 설치되어 있는 족적판에는 낙엽이 쌓여 있었으며 두 곳에 서있는 CCTV는 작동이 되지 않은 듯 했고 식재된 나무는 자작나무로 주변의 소나무와는 조화를 고려하지 않았고, 족적판에 깔고 남은 모래가 포대채로 흉물스레 방치되어 전반적으로 보아 생태통로 관리는 제대로 이루어지지 않고 있는 것으로 판단되었다.

▎동물 침입방지 유도울타리   ▎이동하는 동물을 관찰하기 위한 CCTV

재해방지시설

국지성 집중호우 시, 산사태 발생으로 토석류와 나무가 떠 내려와 계곡에 가설된 교량의 교각에 걸려 계곡물이 월류하면서 주변 도로가 유실되어 2차 피해를 키웠다. 그러한 점을 고려하여 계곡의 수로에 바닥 다짐공을 철저히 시공하고 '토석류 모니터링 시스템'을 설치하여 실시간 모니터링을 통

▎유송잡물 차단시설　　　　　▎토석류 모니터링 시스템

▎절토부 도수로와 월류 방지벽　▎하부 통수단면이 확보된 교량

한 재해예방을 도모하고 있으며, 절토부 도수로의 단면 확대와 월류 방지벽, 유송잡물 차단시설, 교량 하부의 통수단면 확보 등 다양한 관점에서 재해예방을 시도하고 있었다.

친환경·생태시설

복구공사의 목표를 '친환경·생태도로의 조성'으로 설정하여 절토 비탈면 전면 목재부착, 계단식 옹벽, 계곡부 성토 비탈면의 자연성을 높이는 돌채움 개비언 옹벽, 수로바닥 세굴방지를 위한 바닥 다짐공, 계곡부의 낙석방지망, 기존의 회색·백색계통 색상에서 녹지지역에 조화되는 갈색 색상 가드레일 등 다양하고 적용성이 높은 친환경·생태시설을 반영하여 도로이용자들의 심미성과 조화성이 확보되도록 한 점이 돋보였다.

▎전면에 목재가 부착된 계단식 옹벽   ▎성토부 돌채움 개비언 옹벽

▎계곡부 낙석방지망   ▎갈색 색상을 적용한 가드레일

길의 여러 모습

오색약수터 못 미쳐 용소폭포 입구 주전골 주차장에 차를 세워 놓고 한계령휴게소까지 왕복 6시간 정도 도보로 이동하며 가을 단풍으로 한껏 자태를 뽐내고 있는 남설악 한계령 길의 구석구석과 경치를 눈과 가슴에 담았다. 시속 40㎞정도의 주행이 적정속도일 듯 굽이굽이 돌아가는 한계령 길, 발걸음을 옮기다 돌아서서 시선을 저 멀리로 보내면 바라보는 모든 것이 절경이고 비경이다. 한 시간여를 오르다 흘림2교 지점에서 잠시 숨을 고르다 보니 그곳이 수해당시 무려 1,500ton 바위가 떠내려 왔던 곳이다.

■ 한계령휴게소의 아늑한 모습   ■ 굽이굽이 휘돌아 가는 한계령 길

발걸음을 재촉하며 점심때쯤 한계령휴게소에 다다르니 관광객들이 몰려 주차장은 차들로 넘쳐났다. 휴게소 뒤 계단으로 올라 남설악의 절경을 만끽하고 있자니 등산객들이 설악루雪嶽樓에서 시작되는 '한계령~서북릉~중청' 코스로 무리지어 오르고 있다. 해발 1,000m 산비탈에 들어선 휴게소는 김중업 건축가와 양대산맥을 이루었으며, '공간空間'의 창업자인 건축가 김수근의 작품으로 여느 휴게소와는 달리, 자연 속 산비탈에 드러나지 않고 조화롭게 자리 잡은 모습이 뛰어난 건축가의 내공을 가늠케 한다.

■ 넋을 빼앗는 단풍이 가득한 길

■ 주전골 주차장에서 바라본 단풍 길

흘림골 길모퉁이의 공병기념비

인제군 북면에서 한계령을 넘어 양양군 서면 오색리에 이르는 한계령 길은 1966년 3군단 예하 제125야전공병대대가 군작전도로 개설공사로 착수하

한계령 길, 지속가능한 Eco Road로 가는 길

■ 흘림골 부근 길가의 공병비

여 1971년 12월에 공사를 완료하여 개통한 군사도로이다. 동해안 양양에서 고성을 거쳐 진부령을 넘어 인제에 이르던 설악산 우회도로를 대신하여 양양군 오색에서 시작하여 영동지방과 영서지방을 곧장 연결하는 당시로서는 대역사로 6년 동안의 피나는 노력으로 임무를 완수하여 종래에 비해 접근거리가 56㎞ 단축되었다.

연인원 30만 명이 동원되었다는 이 공사에는 20여만 ㎥의 바위가 발파되었으며, 4만 5천포대의 시멘트가 소요되었다 하니 과연 그 규모가 어느 정도였는지 40여 년 전 기준으로는 어마어마했을 것이다. 한계령 정상에서 오색방향으로 내려가다 보면 흘림골 부근 길모퉁이에 '공병비工兵碑'가 호젓하니 서있다. 단출한 모습과는 달리 가까이 다가가서 살펴보니 대설악大雪嶽을 뚫은 장병들의 피와 땀, 불굴의 개척정신과 도전정신이 서려있는 의미있는 비석이다.

"**개척의 완결점**, 개척정신은 깊고 험한 설악에 도전하여 동서를 잇는데 승리하였노라. 육개 성상의 대역사가 오늘 여기서 완결되나니 자연의 신비 속, 여기에 우리의 개척정신을 영원히 기념하노라."

그런데 이 비석이 세워진 자리는 한계령을 정점으로 하여 내설악 쪽에서 길을 뚫고 내려오던 2중대와 외설악 쪽에서 뚫으며 오르던 1중대가 관통점에서 만났던 곳으로 군장병들이 이를 기념하여 남설악 횡단도로가 연결된 지점인 '개척의 완결점'에 그들의 자부심과 자긍심을 새긴 기념비를 세웠다는 것이다.

남설악 횡단도로 건설의 뒷이야기를 살펴보면 공병단에서는 공사의 편의성보다 아름다운 설악산의 모습을 보전하는 것에 주안점을 두어 자연의 모습을 살리기 위해 많은 석축을 쌓았으며, 자연훼손을 최소로 하고 절토, 성토를 줄이기 위해 구불구불 돌아가는 친환경도로를 만들었

다고 하니 40여 년 전 공사 담당자들의 식견이 상당히 앞서 갔다는 생각이 들어, 지금의 우리들에게 '자연과 인간의 공존'을 떠올리게 한다.

수해복구공사, 친환경·생태도로의 구현

2006년 7월 15일부터 17일까지 내린 122㎜/h의 집중호우는 한계령 도로 14㎞가 파괴되면서 차량 100여 대가 고립되고 약 1,500ton이나 되는 집채만한 바위가 굴러와 도로를 막아 '흘림2교' 일대가 무참히 파괴되는 등 피해가 막심하였다.

원주지방국토관리청에서는 이후 2007년 12월까지 17개월에 걸쳐 약 1,200억 원의 예산을 투입하여 한계령 길의 옛 모습을 찾아 설악의 품에 되돌려 놓았다. 이러한 복구과정에서 종래 수해복구공사의 관행에서 벗어나 대상도로가 전형적인 산악지역 도로임을 감안하여 집중호우 등 재해에 안전하고 설악산 국립공원의 특성에 부합되는 친환경·생태도로를 조성하는 것으로 목표를 설정하여 일본의 오니코베鬼首 에코로드를 답사하는 등 사전준비를 철저히 하였고 Fast Track으로 시행하는 사업이지만 친환경, 경관요소를 충분히 반영하여 우리나라에서 가장 대표적인 친환경·생태도로로 조성하였는바, 앞으로 꾸준한 모니터링과 체계적 유지관리를 통해 복구의 완성도를 높이고 지속가능성을 확보해야 할 것이다.

- 생태이동통로, 측구경사로 등 동물의 이동과 탈출을 배려
- 자연경관과 조화를 고려한 교량형식과 하부 통수공간 확보
- 주변지역과 조화되는 부대시설의 색채계획
- 현지 수목을 이식한 절토, 성토 비탈면의 식재 조성
- 현지 초종과 재래종을 활용한 절토비탈면 녹화 조성
- 수충부, 계곡부 성토비탈면의 친환경 옹벽 설치
- 다양한 패턴의 친환경 비탈면 녹화공법 적용
- 동물침입방지 유도울타리 등 생태시설의 체계적인 반영

▎한계령 지역의 강우현황

기 간	지 역	총강우량	시간당 최대강우량
2006. 7. 15~7. 19	인제	466mm	122mm
2006. 10. 22~10. 23	양양	316mm	39.5mm

▎수해로 파괴된 한계령 도로 ▎수해당시 떠내려 온 암석

▎한계령 수해복구를 마치며 ▎흘림2교 부근 전경

생태계가 살아나고 있는 한계령 길

2006년의 대규모 수해로 파괴된 산악지역 도로를 복구하는 과정에서 기존에 적용되었던 도로복구 개념에서 탈피하여 자연환경이 뛰어난 설악산 국립공원 지역의 특성을 반영하여 친환경·생태도로 관점에서 조성한 국도44호선 한계령 길은 우리나라에서 처음으로 시도된 기존도로 노선에 대한 친환경·생태도로의 복구사례로 평가된다.

수해복구 후 3~4년이 지난 2010년 가을, 2011년 봄, 2013년 봄, 가을의 4차례 현장조사 결과, 자연환경 복원이 빠르게 진행되고 있으며 관광도로 기능도 증대되고 있다. 하지만, 수해복구공사의 특성상 공사기간의 제약으로 사전조사가 충분히 이루어지지 못한 점과 집중호우 대비에 치중하여 한계천의 하천단면이 지나치게 확대되고 자연소재를 활용하였지만 인공적인 분위기가 두드러지는 점 등은 앞으로 개선사례의 본보기가 되어야 할 것이며, 다음과 같은 점이 파악되었다.

▎친환경성이 확보되고 생태계가 살아나고 있는 한계령 길

- 로드킬을 방지하기 위한 적정한 규격의 침입방지 유도울타리 설치
- 생태통로의 적절한 위치선정과 관련시설이 반영되었으나 설치 이후, 관리와 모니터링 미흡
- 가드레일의 개방성을 확보하고 녹지구간과 조화되는 갈색 색상의 적용
- 비탈면 보호공법과 계곡부 세굴방지시설의 철저한 반영으로 지형의 원형유지
- 자연석을 지나치게 활용하여 자연훼손이 우려되는 수로 보호공
- 인공적인 분위기가 두드러지는 자연스럽지 못한 자연소재의 과다 적용
- 암 비탈면에 대한 녹화공법 적용 소홀로 암 구간의 자연회복 지연
- 국지성 집중호우에 대비하여 지나치게 넓은 수로와 하천단면의 적용
- 도로변 여유부지 방치로 삭막한 도로경관 발생과 교통사고 우려

▎자연소재를 사용하였으나 인공적인 분위기가 두드러지는 시설물　　▎지형을 활용한 분리도로

마무리하는 글

　한계령 길을 생태도로 ecological road 관점에서 도로연구자들이 함께 답사하며, 가을철 빼어난 경관을 감상하면서 생태통로, 비탈면 보호공법, 재해방지시설 등이 어떻게 설치되었고 관리되고 있는지 살펴보았다. 이 구간의

유일한 생태통로는 준공 후 유지관리와 모니터링의 문제점이 여실히 드러나고 있어, 일본 오니코베 에코로드에서 매주 한 번씩 생태시설물을 점검하고 기록하여 자연환경에 대한 철저한 모니터링과 조사결과를 반영하여 체계적인 유지관리를 수행하고 있는 것과 대비가 되었다.

더불어 도로문화와 관련된 유산과 자료를 찾고 수집하여 자연과 역사, 문화 그리고 삶이 함께 하는 스토리텔링이 흐르는 '문화유산으로서 도로'의 자리매김을 하는 관점에서 접근하여 한동안 잊고 지냈던 가수 양희은이 불렀던 가요 '한계령'도 찾아내어 '한계령' 가사에 깃든 의미와 줄거리를 연결하여 남설악에 파노라마처럼 중첩시켜 보았다.

> "저 산은 내게 우지마라우지마라 하고, 달 아래 젖은 계곡 첩첩산중,
> 저 산은 내게 잊어라 잊어버리라 하고, 내 가슴을 쓸어내리네,
> 아~ 그러나 한 줄기 바람처럼 살다 가고파, 이 산 저 산 눈물 구름
> 몰고 다니는 떠도는 바람처럼, ··············중략······················"

흘림골 부근 길가에 들어가 외로이 서있는 '공병비'는 길손들은 눈에 담지도 않고 그저 스쳐가지만 6년에 걸친 장병들의 피와 땀, 개척정신이 오롯이 배어있는 곳이다. 한계령 길에서 가장 의미 있고 새겨야 할 유산이지만 후세의 사람들은 의미를 모르고 무심하게 지나치고 있어 안타까운 마음만 가득하다.

이번 답사를 마무리하면서, 앞으로 이러한 친환경·생태도로가 정착되기 위해서는 촉박한 사업기간에 제약을 받지 않는 충분한 환경성 검토와 지역특성을 고려한 친환경공법의 적용, 지속적인 모니터링, 체계적인 환경관리와 경관관리가 이루어져야 할 것으로 판단된다.

■ 생태도로(Ecological Road)의 관리방향

아울러 친환경도로에 대한 적극적인 홍보와 한계령 인근의 국도56호선 구룡령 옛길과 연계한 탐방로, 지방도418호선 조침령 길, 점봉산 자락, 천혜의 생태보고 진동계곡, 추대계곡 등과 연계한 '생태탐방로'를 발굴하여 국민들에게 피부와 가슴에 와 닿는 '문화유산'으로 자리 잡도록 펼쳐가는 것이 교양 있는 엔지니어가 추구해야 할 올바른 방향이 아닌가 생각한다.

한계령에 구름이 깔리고 설악이 가랑비를 뿌릴 때쯤, 약간 쉰 듯 하고 호소력 있는 가수의 목소리로 다가오는 노래 '가을비 우산 속'이 떠오른다.

> "그리움이 눈처럼~ 쌓인 거리를 나 혼자서 걸었네
> 미련 때문에, 흐르는~ 세월마다 잊혀진 그 얼굴이
> 왜 이다지 속눈썹에 또다시 떠오르나 ~
>
> 정다웠던 그 눈길 목소리 어딜 갔나 ~
> 아픈 가슴 달래며~ 찾아 헤매이는
> 가을 비 우산 속에 이슬 맺힌다.
> .... 중략 .... "

- 2013. 11. -

길 위의 역사, 옛길 문경새재

프롤로그

우리가 지금 걸어가고 있는 길은 인생여로에서 어떠한 의미를 지니고 있을까, 주변의 사람들은 오로지 도달하고자 하는 목적지에만 관심이 있을 뿐, 지나가는 과정과 주변에 대해서는 관심을 갖지 않고 무심코 지나치고 있다. 하지만 우리들의 인생역정과 삶을 되돌아보면 목적이나 결과보다 과정을 소중히 여길 때 꿈과 희망, 노력은 더욱 가치를 가질 것이다.

조상들의 발자취와 이야기가 묻어있는 옛길을 걸으며, 자연과 역사를 느끼는 시간을 가지는 것은 쫓기는 삶 속에서 여유를 갖지 못하고 브레이크 없는 페달을 밟으며 언제 멈출 줄 모르는 상황에 불안해하는 현대인들에게 치유와 마음의 여유로움을 맛볼 수 있는 소중한 과정이라 할 수 있다.

직선으로 뻗기만 하는 요즈음의 빨리 가는 도로는 산허리를 자르고 고개를 뚫고 달려가느라 주변을 돌아볼 여유를 가질 수 없지만, 자연을 감싸고 돌아가는 옛길은 물을 만나면 돌아가고 산과 들을 껴안으며 오랜 세월을 굽이굽이 흐르며, 어디서든 돌아보고 멈추어 쉴 수도 있으며 걸어온 인생길을 돌아보고 생각할 수 있다.

문경새재를 바라보면서

조선시대 영남에서 한양을 오가던 큰 길 '영남대로'의 중심에 있었던 '문경새재'는 청운의 꿈을 안고 한양으로 '과거 길'을 오르던 선비들뿐만 아니라, 조선통신사, 경상도 관찰사 등이 통행하였던 곳으로 예로부터 기쁘고 경사스런 소식을 듣는 곳이라는 뜻에서 들을 聞, 경사 慶, 문경聞慶이라 이름 하였다 한다.

문경새재를 오를 때마다 아픈 역사가 떠오른다. 임진왜란 때 상주를 거쳐 북상하는 왜군을 천혜의 요새인 이곳에서 막지 못하고 패퇴하여 한양이 쉽게 함락되었으며, 선조는 의주까지 피난을 가고 그 후 일 년 동안 조선의 수도인 한양을 왜군들에게 점령당하는 수모를 겪었으니 안타까운 마음에 답답함을 누를 길이 없다. 당시 삼도도순변사三道都巡邊使 신립은 백전노장인 부장副將 김여물이 천험의 요새인 조령에 진지를 구축하자고 건의했으나, 새재를 포기하고 충주 탄금대에 배수진을 치는 잘못된 판단으로 왜군의 조총 앞에 대패하여 달천에 투신하는 최후를 맞이했다고 하니, 전략적 판단을 하지 못하고 편협한 사고를 좇은 결과가 얼마나 큰 재앙을 가져왔는지 후세의 사람들은 반면교사反面教師로 삼아야 할 것이다.

■ 영남 제1관문, 주흘관 전경

문경새재는 '새들도 날아 넘기 힘든 고개'라는 뜻에서 조령鳥嶺으로 불렸는데, 주변에는 주흘산(해발 1,106m), 조령산(해발 1,026m)이 우뚝 솟아 있어 우리나라의 지형에서 흔하지 않은 물리적으로 높은 고개이다.

'새재'는 순수 우리말로 '새'는 깃털이 달린 짐승으로 날아다니는 '새'를 의미하고 '재'는 사전적 의미로 '길이 나 있어서 넘어 다닐 수 있는 높은 산의 고개'를 말하는 것으로 제3관문이 있는 조령관은 해발 650m로 상당히 높은 곳에 위치한 관문이다.

조선의 옛길

고려시대부터 통치와 교역을 위해 자연적 혹은 인위적으로 조성된 길은 조선시대에 들어와서 도읍을 개성에서 한양으로 옮김에 따라 도로의 중심이 한양으로 변경되었다. 조선시대에는 한양을 중심으로 해서 영남대로, 의주대로, 삼남대로 등 간선도로가 전국을 사방으로 연결하고 있었다.

옛길은 본래 통치의 목적으로 닦았지만, 상업이 발달하면서 중부, 남부 지방의 도로들은 점차 민간교역로의 기능을 맡게 되었으며 북부지방의 도로들은 변방의 경비나 사신왕래 등을 위한 군사적, 외교적 기능을 담당하는 것으로 진화하게 되었다.

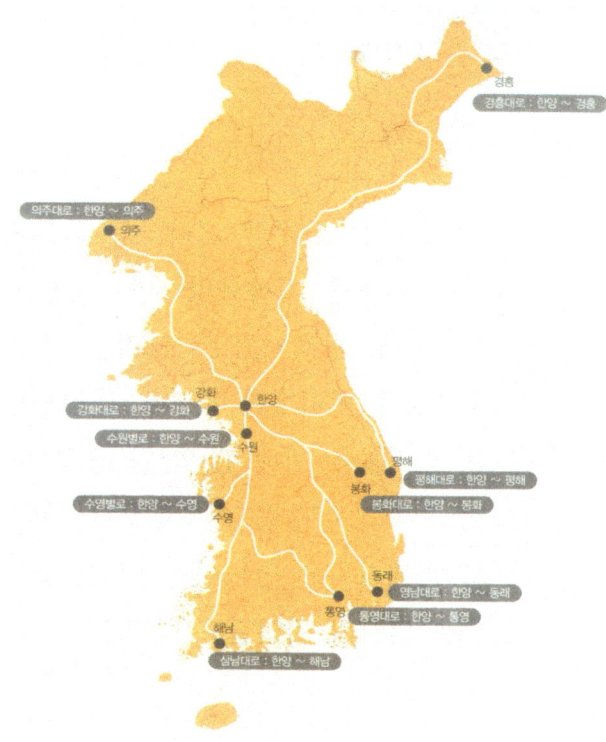

조선의 도로망, 조선의 10대 도로

▌조선시대 10 대로

길 이름	거리(里)	통과읍(數)	주요 경로
의주대로	1,065	71	한양-파주-평양-정주-의주
경흥대로	2,190	41	한양-원산-영흥-함흥-경흥
평해대로	890	19	한양-원주-강릉-평해(울진)
동래대로	950	68	한양-충주-문경-대구-동래
봉화대로	500	14	한양-충주-안동-봉화
강화대로	160	7	한양-강화
수원별로	100	2	한양-수원
해남대로	970	6	한양-천안-정읍-나주-해남
수영별로	210	18	한양-평택-소사-수영(보령)
통영대로	550	25	한양-문경-상주-함안-통영 한양-천안-전주-남원-통영

*출처 : 옛길박물관

 옛길에는 일정한 거리마다 돌무지를 쌓고 장승을 세워 연결되는 길의 거리와 지명을 기록하였으며, 주요도로에는 얇은 돌판(박석)을 깔거나 작은 돌, 모래, 황토 등으로 포장을 하였으나 서양의 도로에 비해 우리나라의 도로포장은 미미했던 것으로 추측된다. 그리고 대략 30리마다 공무를 수행하는 관리들을 위해 관·역·원 등의 숙박시설을 설치했으며 여행자와 상인들은 점·주막·객주 등을 이용했으나 1894년 갑오개혁으로 조선시대의 교통통신제도가 폐지되고 철도 등 새로운 교통수단들이 등장하여 옛길과 주변의 마을들은 역사의 뒤안길로 사라졌다.

삼남대로(해남대로) : 영광과 유배의 길

 삼남대로三南大路는 이름에서도 알 수 있듯이 삼남三南은 충청·전라·경상도를 말하는 것으로 남쪽 지방으로 가는 길을 말한다. 한양에서 충청도를 거쳐 천안에서 전라도와 경상도로 갈라지는데, 한 길은 병천과 청주를 거쳐 영남대로인 문경새재를 넘어 대구, 동래에 이르는 길로 연결되고 다른 길은 공주를 지나 논산, 강경, 전주, 해남과 순천에 이른다. 삼남대로는 해남대로를 말하는 것으로 한편으로 삼남대로는 한양에서 천안으로 가는 길을 말하는 것으로도 이해된다. 해남대로는 불과 한 세기 전까지만 해도 전라도 땅의 수많은 선비들이 과거를 보러 걸었던 길이고 우암 송시열과 추사 김정희, 다산 정약용이 유배를 가며 걸었던 영광과 유배의 길이었다.

천안에서 갈라지는 곳이 우리가 잘 알고 있는 천안삼거리이며, 지리적 특성상 길손을 재워주는 원과 주막이 많았고 여러 지역에서 모인 사람들로 인해 여러 가지 전설과 흥타령을 비롯한 많은 노래가 생겨나기도 하였다. 하지만 지금은 예전의 천안삼거리를 찾기가 쉽지 않은데 이는 도시개발에 따른 가로망의 선형개량으로 옛길 자체가 없어졌기 때문이다.

영남대로 : 새재길

영남대로는 조선 건국 이래 가장 먼저 정비한 도로이며 조선은 개국과 동시에 동래를 영남대로의 종착지로 정하고 한양과 동래를 연결하는 노선을 확정하였다.

영남대로는 경상도와 충청도 땅의 선비들이 과거를 보러 가던 길이며, 그 중심에는 문경새재가 있다. 호남의 선비들조차도 이 먼 길을 돌아 문경새재를 넘은 걸로 보아 이 길은 희망과 출세의 길로 인식한 듯싶다. 문경의 옛 지명인 문희聞喜에서 알 수 있듯이 "기쁜 소식을 듣게 한다"는 것도 하나의 이유라고 전해진다. 지명에 대해 좀 더 알아보면 문경은 '문희경서聞喜慶瑞'의 줄임말로 이를 종합해보면 기쁜 소식을 듣는 경사스런 조짐을 가진 지역이란 뜻으로 해석된다. 과거시험을 보러 가는 선비들이 추풍령과 죽령을 마다하고 문경의 새재 길을 통해 한양으로 간 또 다른 이유일 것이라 추측이 된다.

새재의 관방시설

관방시설關防施設은 중요한 교통로를 막는 관성關城이나 방장防墻에서 진화된 시설인데 대표적인 산성이 '조령산성'으로 문경새재의 관방시설은 중요한 요충을 이룬 곳을 요새화 한 산성이라 할 수 있다.

임진왜란 이전에 특별한 관방시설이 없었던 문경새재는 왜군의 주력부대가 침략한 주요루트로 당시 천험의 요새인 이곳에서 왜군을 막지 못한 실수를 깊이 새겨 '소 잃고 외양간 고치는' 아쉬움이 있으나 문경새재의 관방시설은 이러한 역사적 사건을 배경으로 조성되었다.

험준한 산악지대에 위치하고 있는 문경새재는 북쪽의 마패봉(925m), 동쪽의 주흘산(1,106m), 서쪽의 조령산(1,026m)으로 둘러싸여 있으며, 이 사이 협곡과 평탄부에 관방시설이 설치되어 있다. 관방시설은 관문과 성곽, 부대시설로 이루어져 있으며 관문은 주흘관, 조곡관, 조령관 등 세 개가 있다.

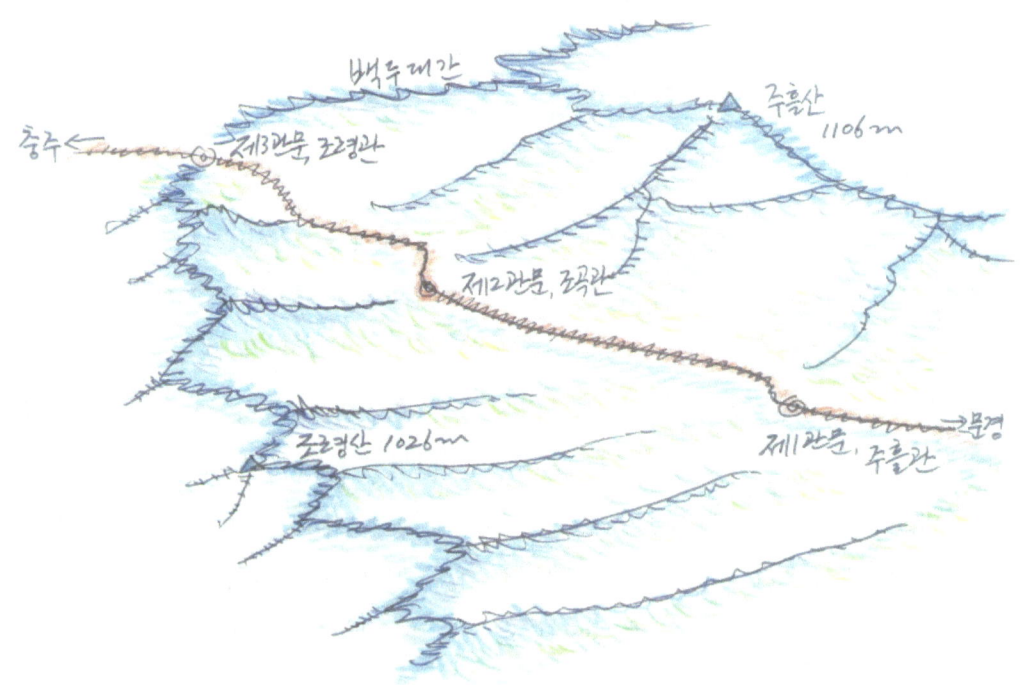

▎문경새재의 관방시설

영남 제2관, 조곡관鳥谷關

국가지정문화재 사적 제147호로 지정되어 있는 '조곡관'은 세 관문 가운데 가장 먼저 축성된 관문이다. 이곳은 1, 3관문이 위치하고 있는 곳에 비해 계곡부가 가장 좁은 곳으로 서쪽은 깎아지른 절벽이고 동쪽도 비교적 산세가 험하고 앞쪽에는 성곽과 평행하게 개울물이 흐르고 있어 적을 방어하기가 쉬운 형세이다.

임진왜란이 일어나고 2년이 지난 1594년에 완성된 문경새재 최초의 관방시설인 제2관문 조곡관은 문루와 연결되는 좌우의 평지성, 평지성과 연결된 동쪽의 산성으로 구분된다.

▌영남 제2관 조곡관 전경

제1관문, 제3관문

문경새재에 있는 관방유적은 조선이 겪었던 두 차례의 전쟁인 임진왜란과 병자호란의 결과로 생긴 것이다. 제2관문의 축성 이후로 관방을 추가로 설치하자는 의견이 나왔으며 병자호란 직후부터 문경새재에 성을 증축하자는 상소문 등의 의견이 올라와 1710년경 제1관문과 제3관문이 완성되었다.

제1관문인 주흘관主屹關은 돌로 축조한 홍예문 위에 팔작 기와지붕의 문루가 있으며 문루 양쪽으로는 수구水口를 설치하여 성내를 통과한 개울물이 흐르도록 하였다. 문루와 평지성이 위치한 곳은 좌우에서 이어지던 능선들이 소멸되면서 형성된 비교적 넓은 협곡이며 산성은 좌우 능선을 따라 축조되어 있다.

▌제1관문 주흘관과 제3관문 조령관 전경

제3관문인 조령관鳥嶺關은 북쪽의 적을 막기 위해 쌓은 것으로 새재의 정상부인 해발 650m지점에 위치하고 있으며 산성은 좌우의 능선을 따라 축조되어 있다. 현재 성벽이 통과하고 있는 선은 대부분 충청북도 괴산군과 경상북도 문경시의 경계이다.

조화로운 새재 길의 모습들

문경새재의 1관문에서 3관문까지 이어지는 길은 옛 길과 새 길이 수시로 교차되며 서로의 참모습을 느끼게 해주는 것이 인상적이다. 주흘산과 조령산 일대에 조림을 한 사유림을 관리하기 위해 임도를 겸해서 개설된 것으로 추정되는 새 길은 계곡, 바위, 나무, 물길들과 부딪히거나 부담을 주지 않고 조화로움을 품고 있는 편안한 길의 모습이다.

계곡을 건너 비탈을 따라 굽이굽이 돌아서 산비탈로 이어지는 길은 무리한 지형훼손이 드러나지 않으며 걷는 사람에게 지루함을 주지 않는 그야말로 자연과 지형과 조화로운 길의 본보기로 다가온다. 돌아가는 길의 군데군데에 서있는 친절하면서도 약간은 부담스런 스토리텔링 설명판은 문경새재의 속살까지 이해하는데 도움을 주고, 산에 가서도 산행시간에 목을 매어 목적지까지 빠른 시간에 가는 것을 자랑하는 유별난 사람들과 달리 여유롭고 생각하는 산행으로 옛길 산책의 분위기를 높여주고 있다.

길 가의 바위와 나무를 훼손하지 않으려 돌아가는 형태로 조성된 측구와 야트막한 석축, 콘크리트보다는 돌쌓기로 만들어진 물길과 돌무더기들은 맑

▮ 문경새재 옛길과 자연과 조화로운 새길

은 계곡에 몰려있는 갈겨니 무리의 힘 있는 몸짓과 함께 생동하는 자연의 기운이 뻗쳐오는 것을 느낄 수 있을 정도이다.

새재 길의 자연과 문화

문경새재를 넘어가는 길에는 조선시대 500년 세월을 거치며 형성된 사람들의 흔적과 다양한 문화, 풍요로운 자연이 우리나라 여느 옛길에서도 찾을 수 없을 정도로 비교가 된다.

산불됴심비

문경새재에는 제1관문을 지나면 관찰사에서 현감까지 여러 관직에 있었던 사람들의 송덕비를 비롯하여 많은 비석이 있다. 그 가운데서도 투박한 한글로 새겨진 '산불됴심비'는 민중들을 배려하여 순수 한글에다 다듬지 않은 자연석을 사용하여 볼수록 정감이 가는 모습이다. 산불을 내는 일과 나무 베는 일을 금지하는 이 비석은 조선시대 후기에 세워진 것으로 추정되며, 원추형 자연석에는 마른 이끼가 덮여 있어 오랜 세월을 말해주고 있다.

▎산불됴심비

　조선후기에 문경새재 일대가 국방상의 중요한 길목이 되면서 '조령봉산鳥嶺封山'이 만들어져 일반적인 봉산과는 달리 관방용 봉산封山으로 특별한 취급을 받았다 하며, 당시 '산불됴심비'는 봉산 표석으로서 기능도 가졌을 것으로 추정하고 있다. 이 비석은 우리나라에서 유일한 순수한글 비석으로 경상북도 문화재로 지정되어 있다.

상처 난 소나무

　문경새재 길에는 밑동에 'V'모양으로 상처 난 소나무가 세월의 무게를 잔뜩 이고 있는 것이 참 특이하다. 장승이 마을 앞에서 큰 입을 벌리고 있듯

▎상처 난 문경새재 소나무

이 움푹 패인 모양으로 서있는 육송들은 일제 강점기 태평양전쟁을 치르면서 조선사람들을 강제 동원하여 연료로 사용하기 위해 송진을 채취했던 자국으로 70여 년이 지난 지금도 아물지 않은 상처를 보이며 억센 생명력을 뽐내는 소나무가 대견스럽고 고된 역사를 이겨낸 역군이며 산증인이라는 생각이 들어 숙연하기까지 하다.

눈에 띄는 자연의 모습들

문경새재 길에는 폭포와 수려한 모습의 소나무, 특이한 바위와 지형이 여러 곳에서 눈에 띈다. 제2관문 쪽으로 오르다 보면 기름을 짜는 도구처럼 생긴 '지름틀 바우'가 눈에 띄는데 '지름틀'은 '기름틀'의 경상도 사투리로 참깨, 들깨, 콩 등을 볶아 보자기에 싼 떡밥을 지렛대의 힘으로 눌러서 짜는 도구로 그 형상이 너무나 닮아 탄성이 흘러나온다.

▎눈에 띄는 자연동굴

이곳에는 자연동굴도 유난히 많아 비를 피하려 들렀던 과객이 처녀와 인연을 맺었다는 이야기, 조선시대 후반 천주교 신자들이 박해를 피해 교우들과 함께 숨어 지냈다는 기도굴, 새재 입구인 문경읍 진안리에는 김대건 신부에 이어 두 번째 조선인 사제인 최양업 신부가 경상도와 충청도 지방의 순회 전교활동을 위해 넘나들다 과로하여 병을 얻어 순교한 곳으로 천주교 성지가 있으며, 이웃의 괴산군 연풍면에도 천주교 성지가 있는 것으로 보아 지형이 험준하면서도 새재길이 이어져 있던 이 지역을 중심으로 천주교 신앙생활이 활발했었던 것으로 추정된다.

문경새재 계곡은 유난히도 물이 차고 맑다. 산골짜기에 흐르는 냇물의 찬물에 무리지어 생활하며 물속에 사는 곤충이나 부착조류를 먹고 사는 1

▌새재 계곡의 꾸구리 바위　　▌무리지어 움직이는 갈겨니

　급수 지표종이 되는 '버들치', 역시 하천의 상류 숲이 우거진 곳에서 서식하고 낙동강 유역에서 주인행세를 한다는 '갈겨니' 등이 계곡과 자연 속 연못에서 무리지어 힘차게 돌아다니는 모습은 이곳의 특이한 모습이라 흐르는 땀을 식히려 계곡의 물가 바위에 앉아 '망중한' 순간을 가지는 즐거움도 맛보았다.

문경새재 아리랑

　우리들이 알고 있는 상식에서 우리나라의 대표적인 '아리랑'은 '정선아리랑, 밀양아리랑, 진도아리랑'이 3대 아리랑이지만 '아리랑'이 고개의 노래인데 우리나라의 대표적인 고개인 문경새재에도 '아리랑'이 없을 리 만무하다. 황소걸음처럼 무디고 유장한 가락의 문경새재 아리랑 곡조는 '강원도 아라리'에 가까운데 이것은 백두대간을 중심으로 하는 생활양식과 환경이 강원

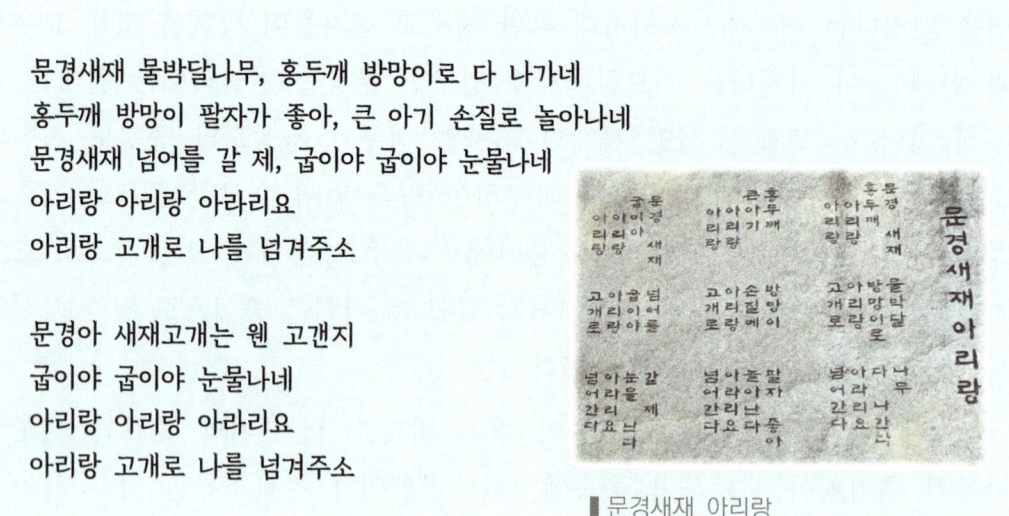

문경새재 물박달나무, 홍두깨 방망이로 다 나가네
홍두깨 방망이 팔자가 좋아, 큰 아기 손질로 놀아나네
문경새재 넘어를 갈 제, 굽이야 굽이야 눈물나네
아리랑 아리랑 아라리요
아리랑 고개로 나를 넘겨주소

문경아 새재고개는 웬 고갠지
굽이야 굽이야 눈물나네
아리랑 아리랑 아라리요
아리랑 고개로 나를 넘겨주소

▌문경새재 아리랑

도와 비슷한 것과 무관하지 않다.

영화 '서편제'를 보면, 청산도의 돌담에 둘러싸인 언덕배기 밭뙈기가 가득한 장면을 배경으로 먼지를 날리며 고불고불한 돌밭 길을 세 사람이 걸어오며 부르는 가락이 바로 '진도아리랑'인데 그 가사 속에 "문경-새-재는 웬고-갠가, 구부야 구부구부가 눈물이 난다. 아리아리랑 쓰리쓰리랑 아라리가 났네, 아리랑 응응응 아라리가 났네."

멀고 먼 곳 전라도 진도에서 웬 '문경새재'가 나오는 것일까, 진도의 어떤 마을에서 뭍으로 향할 때 반드시 넘어야 하는 세 고개가 있는데 '문전세재'가 '문경새재'로 발음 되었을 뿐이라는 이야기와 옛날 진도 총각이 경상도에 가서 대감집의 머슴을 살다가 주인집 처녀와 정분이 나서 쫓겨나 진도로 돌아와 살다 그만 병으로 먼저 하늘나라로 가고, 진도 총각을 따라 문경새재를 넘었던 경상도 처녀가 부모를 거역하고 집을 떠난 설움을 노래한 것이라는 이야기가 있는데 모두가 그럴듯한 이야기다. 이렇게 하여 문경새재에 스토리텔링이 흐르고 있는 것인가.

이처럼 문경새재는 문경새재 주변 사람들의 전유물이 아니라 적어도 조선시대 사람들 모두의 고개였다. 조선사람 모두가 간직한 마음 속 응어리가 문경새재였으며 싫든 좋든 굽이굽이 눈물 흘리면서 반드시 넘어가야 할 고개, 그 넘어 찾아오는 희망과 환희의 고개였다. 그래서 문경새재가 진도아리랑에서 그토록 절절하게 맺히는 이유를 찾을 수 있다.

옛길박물관

문경새재로 올라가는 오른쪽에 자리 잡고 있는 옛길박물관은 선진국의 여느 박물관처럼 집약되고 꽉 차 있는 모습이 아니어서 그냥 지나쳤던 곳이었으나 이번 기행에서 찾아본 옛길박물관은 덩그렇게 보이는 겉모습에 비해 나름대로 와 닿으며, 다른 곳에서 쉽게 접할 수 없는 차별화 된 자료가 보관된 박물관으로 인식이 바뀌었다.

문경은 우리나라 문화지리의 보고寶庫이자 '길' 박물관으로 통한다. 조선시대 역사와 문화의 소통로疏通路로서 조선팔도 고갯길의 대명사로 불리던 '문경새재', 우리나라 최고最古의 고갯길인 '하늘재', 옛길의 백미白眉이자 한국의 '차마고도'로 일컬을 수 있는 '토끼비리', 영남대로의 허브 역할을 담당했던 '유곡역' 등이 있다.

이러한 옛길과 관련된 문화유적은 이름만 남아있는 것이 아니라 오늘날에도 '살아있는 길'로 많은 사람들이 '온고지신'의 생각을 갖고 즐겨 찾고 있다. 옛 사람들은 여행을 하면서 무엇을 지니고 다녔으며, 괴나리봇짐 속에는 과연 무엇이 있었을까, 과거시험지에는 무엇을 썼고 합격의 영광과 금의환향 그리고 낙방 길의 시름은 어떠했을까, 영남대로 주변의 역촌마을은 어떤 역할을 했을까?

▍옛길박물관 전경

▍괴나리봇짐

옛길박물관에서 우리는 과거를 보러가는 길로 널리 알려져 있는 문경새재를 다시 느끼면서 각종 노정기路程記와 여행기, 역참제도, 지리지 등의 문화유산을 만날 수 있다. '괴나리봇짐'은 걸어서 먼 길을 떠날 때 큰 베보자기, 보褓에 물건들을 넣고 말아서 꾸린 짐을 등에 짊어지고 다녔는데 어깨에 짊어질 수 있도록 양쪽에 멜빵을 단 것으로 과거시험을 치르러 가는 선비의 괴나리봇짐에는 종이, 먹, 붓, 벼루 등이 필수적으로 들어 있었을 것으로 짐작되며 여벌의 옷과 엽전 등도 있었을 것이다.

에필로그

> "땅, 산, 물 그리고 길… 길, 걸어 산을 만나면 고개요 물을 만나면 나루이다. 땅, 천하의 형세는 산천에서 볼 수 있다. 산, 산은 본디 하나의 뿌리로부터 수없이 갈라져 나가는 것이다. 물, 물은 본디 다른 근원으로부터 하나로 합쳐지는 것이다."

땅 위의 어떤 한 지점에서 다른 지점까지 이동하는 경로를 우리는 '길'이라 부르며 '길'은 산 넘고 물 건너는 일을 끝없이 반복할 수밖에 없다. 산을 한 번 넘으면 그 다음에는 반드시 물을 한 번 건너야 하고 물을 건넌 다음에는 또 반드시 산을 넘어야만 한다. 산을 연거푸 두 번 넘을 수 없으며 물을 연거푸 두 번 건널 수 없다. 그것이 길이다. '길'은 그렇듯 고개, 굴과 나루, 다리의 연속으로 이루어진다.

첨단문명과 물질만능주의, 성과주의 물결에 휩쓸리고, 정신보다는 물질의 덫에 빠져, 우리 조상들의 흔적과 땀과 문화가 어우러져 있는 우리들의 '길'은 시간과 속도 이외는 아무런 관심의 대상이 아닌 존재가 되어 기능성과 경제성만 존재하는 대상이 되어버렸지만 분명 '길'은 아직도 변함없이 산천 위에 존재하고 있다.

'길'이 산천 위에 존재하는 한, 걷는 길이든 차량이 달리는 길이든 고개와 나루의 조화로움처럼 자연과 인간이 서로를 배척하지 않고 서로에게 도움이 되는 '길'을 찾아야 한다. 그래서 우리는 '길' 위에서 '지혜'를 찾는 존재가 되어야 한다.

- 2014. 6. -

추억의 흔적을 찾아가는 전주한옥마을

프롤로그

1990년대부터 우리의 삶이 양적 관점에서 질적 관점으로 트렌드가 바뀌기 시작하면서 북촌한옥마을과 더불어 전주한옥마을이 떠오르기 시작하였다. 40~50년 전 그곳에 살면서 으레 보아왔던 풍경들이 '전주한옥마을 10경-경전답설, 한벽청연, 행로청수, 오목풍가, 남천표모, 기린토월 등' 다양한 스토리텔링으로 자리 잡고 있으며, 전주한옥마을의 슬로투어 촬영장소로 열세 군데 포인트가 안내되고 있는 것을 보면 '시간은 모든 것을 변화 시킨다'는 말이 새벽 물안개처럼 진하게 다가온다.

1960년대 중반, 부산에서 초등학교를 졸업할 즈음 아버지의 직장을 따라 제대로 된 길이라고는 부산에서 전주까지 전동차 비둘기호가 달리던 기찻길 밖에 없었던 낯선 곳으로 왔을 때, 형제들은 겨울철에 눈이 많이 내린다고 다들 좋아 했었다. 달라진 환경이며 말투, 풍속, 음식, 사람 울타리... 그렇게 형제들끼리 어리둥절해 하며, 정을 붙이며 십오 년을 지내다 막내가 서울의 대학에 입학하던 해, 오래된 세간과 장독을 거두어 방배동 집으로 이사를 왔으니 이제는 추억만 아스라이 서려있는 곳이 되었다.

힘들게 시작하였던 직장생활이 어느 정도 자리를 잡고 결혼을 하여 가정을 이룬 후, 시간이 나면 가끔 전주에 들러 추억 찾기를 하며 지금의 '나'를 되돌아보기도 하였으나 이번에는 아예 1박2일 일정으로 아내와 함께 본격적인 답사에 나서 '돌이켜보는 추억은 그 시절 곁에서 보았을 때보다 훨씬 아름답다'는 말을 새기며 고교시절 학교 가던 길에 지나가는 여학생 쳐다보다 돌부리에 부딪혀 비틀거렸던 은행나무 길 주변부터 매캐한 굴뚝연기처럼 다가오는 추억의 흔적을 찾아 거닐고자 한다.

노자老子가 도덕경에서 '도가도 비상도道可道 非常道'라고 설파한 그 길, 길이되 길 아닌 듯, 혹은 길 아닌 듯 길이 되는 그 곳 전주한옥마을 길에 멈춰 섰다. 미로처럼 앞을 예측할 수 없게 꼬불거리면서도 막힘없이 통하는 길에는 우리들의 때 묻은 이야기와 삶이 속살을 드러내고 있다.

담벼락 너머로 이어지는 아기자기한 처마들, 골목과 물길이 끊임없이 소근 대며 이야기를 이어가는 풍경들, 추억은 그리움이 되고 아름다운 파노라마처럼 물결에 아롱져 시간 가는 줄 모르고 잔잔한 파문으로 다가온다. 나는 희미한 가로등 아래 늦은 밤 고향으로 돌아오는 오랜 벗을 기다리는 모습으로 옛 우리 집 골목 어귀에 서있다.

▎전주한옥마을

추억의 흔적을 찾아가는 전주한옥마을

▪ 한옥마을 입구에서 바라본 전동성당

경기전 돌담길 지나 학교 가던 길

집 앞 골목을 나와 경기전慶基殿 돌담길을 따라 임내과 앞을 지나 당시 전주에서 가장 큰 규모를 자랑하던 홍지서점, 도립병원을 거쳐 내가 다녔던 전주고등학교에 다다랐으며, 학교수업 끝나고 집으로 갈 때도 웬만하면 그대로 돌아오던 길이었다.

'경기전'은 전주에만 있는 유적으로 조선왕조를 개국한 태조 이성계의 '어진'을 봉안하고 제사를 지내기 위해 태종 10년(1400년)에 지어진 건물로 이곳에는 조선5대 사고 가운데 전주사고全州史庫가 있었는데 임진왜란 당시 이 지역의 선각자들이 정읍 내장산으로 실록을 옮겨 유일하게 조선왕조실록 원본이 이어오게 된 역사를 간직하고 있다. 일제 강점기 일본인들은 경기전 지역 일부를 철거하여 학교를 세웠으며, 한때 경내에 전주박물관이 들어와 어색한 동거를 하였으나 지금은 박물관과 초등학교를 옮기고 제 모습을 찾았다.

아버지께서 편찮으실 때 왕진가방을 들고 방문하여 진료를 해주셨던 임내과 원장님의 인자하신 모습이 선한데 지금은 건물만 남아 찻집, 문화공간으로 사용되어 이곳의 역사를 모르고 무심히 그곳을 지나치고 있는 사람들은 옛 병원 건물을 바라보는 나의 심정을 알기나 할런지.

다시 발걸음을 옮겨 홍지서점 사거리에 가보니 서점은 벌써 오래전에 경영난으로 문을 닫은 지 오래되어 흔적조차 보이지 않고 팔달로 쪽으로 내려가는 길 오른편엔 전주식 콩나물국밥을 평정하고 있는 '왱이집'이 타운을 이루며 성업하고 있다. 벌이 왱왱하며 몰려들듯 손님들이 몰려오라는 뜻에서 '왱이집'으로 옥호屋號를 지었다는 콩나물 국밥집은 옛 명성의 '삼백집'보다 전국적으로 이름을 떨치고 있어 격세지감을 느꼈다.

지금은 '충경로'라는 이름으로 4차로 도로가 개설되어 있는 동부시장 길을 건너 옛 전북도립병원 쪽으로 걸었다. 당시 도립병원 앞 사거리에는 법원, 검찰청, 위생시험소, 예식장, 고급음식점이 몰려있어 시청, 도청 부근에 비해 번화하면서도 훨씬 운치 있고 예스런 분위기였지만 법원, 검찰청은 이사를 가고 예전에 비해 많이 쇠락한 분위기이다. 당시에는 적산가옥과 넓은 정원을 가진 집들이 군데군데 있어 오히려 지금의 한옥마을보다 부유층이 살고 있는 비교적 안정감이 있는 지역이었지만 세월의 세찬흐름에 어느새 가장자리로 비켜선 모습으로 남아 있을 뿐이다.

▌경기전 돌담길 옆 구 임내과 건물(좌)과 동부시장골목 막걸리 집

은행나무 길과 최씨 고택, 오목대

경원동 막걸리 골목을 지나 은행나무 길로 돌아서니 옛 동부시장의 영화는 규모가 커져버린 전주천 옆 남부시장과 옛 전주역 부근에 어울리지 않게 들어선 '홈플러스'의 기세에 눌려 겨우 명맥만 유지하고 있어 인접한 한옥마을과 연계하여 새로운 활로를 찾아야 할 것 같다.

당시 비포장 자갈길이던 은행나무 길은 바닥에 튀어나온 돌부리가 눈에 선한데, 주변은 원래 자리 잡고 있던 한옥과 새로운 건물이 뒤섞여 있고 1951년부터 가게를 시작한 풍년제과는 한옥마을로 들어와 'PNB'라는 상호만 걸어놓고 전통을 자랑하는 센베 과자와 관광객들이 줄을 늘어서서 기다리고 있는 수제초코파이로 전국적인 명성을 떨치고 매장에서 판매되는 수량이 하루에 4,000~5,000개나 된다고 하니 한옥마을에서 팔리고 있는 땅콩꽈배기, 수제만두와 함께 3대 먹거리로 자리 잡고 있는 것 같다. 3대째 개업 중인 '세종당한약방'을 지나 600년 수령을 자랑하는 전주 최씨 고택 앞의 은행나무는 옛 시절과 다름없이 푸른 기개를 유지하며 최근에는 나무밑동에 새끼나무가 자라는 길조까지 있었다하니 한옥마을과 함께 천년을 갔으면 하는 바램을 빌었다.

▌전주 최씨 고택 앞 은행나무

은행나무 길에는 남향으로 규모가 큰 한옥들이 군데군데 자리 잡고 있어 골목에서 양반집 명맥을 이어가고 있던 사람들을 가끔 만날 수 있었다. 이곳을 지나가면서 떠오르는 추억은 1960~70년대 한국시단韓國詩壇에서 최고의 서정 시인으로 꼽혔던 신석정辛夕汀 선생이 살았던 풍남동 집 앞에는 포플러나무(미루나무) 몇 그루가 심어져 있었는데 시인의 유고집에 나오는 '난초 잎에 어둠이 나릴 때'를 읽고 해거름 무렵 노을이 흔들리는 언덕이라 생각되었던 오목대 언덕에 올라 시 속의 주인공이 되어 시를 나직이 읊조리며 문학소년 티를 내었던 시절이 아스라이 떠오르며 생각은 옛 시절로 달려간다.

▌은행나무 길

「난초 잎에 어둠이 나릴 때」

난초 잎에 어둠이 나릴 때
그때 나는 노을이 흔들리는 언덕에 앉아 있었다.
별들은 이 구석 저 구석에서
칭얼이는 어린것을 달래는 어머니처럼
나를 달래는 이야길 열심히 속삭이고 있는 것을
나는 들었다.
수묵색 난초들도 파아란 이끼 사이로 꽃대를 올리면서
나와 같이 별들의 이야길 듣고 있었다.

▌3대째 내려오는 세종당 한약방   ▌물길이 흐르는 은행나무 길

　모처럼 옛 추억을 더듬으며 한옥마을 전체를 내려다볼 수 있는 오목대에 올랐다. 조선의 태조 이성계가 조선왕조를 세우기 십여 년 전, 남원에서 왜구를 무찌르고 돌아오던 길에 본향인 전주에 들러 승리를 자축하고 새로운 왕조를 열 야심을 내비친 곳으로 오목대는 조선왕조 개국의 시작점으로 알려져 있으며, 언덕에는 유독 오동나무가 많았다고 전해지는데 선조들이 오동나무를 심은 이면에는 이래저래 여러 가지 의미가 숨겨져 있었을 것으로 추측되었다.

추억의 흔적을 찾아가는 전주한옥마을　121

▪오목대 누각   ▪오목대에서 바라본 한옥마을

650년 역사를 지켜온 전주향교

　전통공예품 전시관에서 향교 쪽으로 가는 길 왼쪽은 2년 전에 비해 완전히 딴판으로 바뀌어 눈이 휘둥그레질 정도이다. 작년에 전주한옥마을을 찾은 방문객이 500백만 명에 달했다니 투자자본이 이곳으로 몰려들고 있음이 피부에 와 닿을 정도이다. 전주향교 쪽으로 들어가는 길은 막다른 길이라 얼마 전까지 1960~70년대 영화촬영 세트장 역할을 했던 거리였으나 이제는 옛 기억 속으로 아물아물할 뿐이다. 그나마 명맥을 유지하고 있는 낡아서 헐어빠진 '현대수퍼마켙' 간판이 반갑게 다가온다.

　평지에 자리 잡은 전주향교는 현재까지 보존하고 있는 전국의 향교 가운데 규모가 가장 큰 곳으로 전형적인 '전묘후학前廟後學'의 구조를 띠어 공자의 위패를 모시고 있는 대성전이 전면에 배치되고 뒤에 강학공간인 명륜당이 자리하고 있으며 좌우에는 수령 오백년이 훨씬 넘어 보이는 은행나무가 눈에 들어왔는데 향교에 은행나무를 심은 이유는 병충해에 강하고 튼튼히 자라는 '은행나무처럼 정치판에서 더럽혀지지 말고 부정부패에 물들지 말라'는 의미가 있다고 한다.

　전주향교가 21세기인 지금에 와서도 의미를 지니는 것은 비단 유구한 역사성 때문이 아니라, 문화재로 보존되어 박제된 공간이 아닌 지금도 꾸준히 교육의 공간으로 살아있어 예절학교, 전통문화학교에서 초중고생, 일반인들에게 예절교육과 사자소학, 명심보감, 음양오행 등을 가르치고 있는 것이 전주향교의 자랑거리로 '온고지신'으로 거듭나고 있다.

▌전주향교 대성전 　　　　　　　　　　　▌향교 길의 마지막 모습

한옥마을을 거닐며 떠오르는 추억들

향교 길을 돌아 나오다 보면 '50년 전통 교동집'이 나온다. 돌아가신 교동집 아저씨는 6·25전쟁 때 이북에서 단신으로 피난 내려와 전주에 정착하여 자수성가 한 사람으로 향교길 입구에서 중화요리집을 열어 당시 이곳에 있었던 '문화연필' 공장에 잔업 식사를 전담해서 배달하였는데 특히 짜장면 맛이 좋았다. 지금은 아들이 물려받아 50년 전통을 이어가고 있어 교동집의 내력을 알고 있는 사람으로서 사뭇 애틋한 느낌을 갖게 된다.

▌추억의 짜장면 - 교동집

다시 방향을 틀어 경기전 쪽으로 오다보면 아직도 '삼원한약방'은 있으나 당시 명맥을 유지하던 조산원은 사라진지 오래이다. 경기전 사거리에 다다라 전주에 와서 이사하여 10여 년을 살았던 골목 안의 한옥을 바라보며 등교하러 골목을 나올 때, 바로 앞 성심여학교 학생들이 몰려오는 바람에 빠져 나오느라 진땀 흘렸

▌삼원한약방

던 순간을 떠올랐다. 그래도 추억이 담긴 옛 우리 집이 한옥마을 입구에 당당한 모습으로 버티고 있어 마음 한 곳을 뿌듯하게 채운다.

신유박해 때(1791년) 윤지충, 권상연이 참수형을 당한 우리나라 최초 순교터에 세워진 전동성당殿洞聖堂은 지금부터 꼭 100년 전인 1914년에 준공한 호남지방 최초의 로마네스크 양식의 성당인데 사적으로 지정될 정도의 문화재적 가치를 지니고 있는 건축물이다. 성당 뒤쪽과 사제관 건물까지 둘러보며 예전보다 많이 정비되고 순례성지의 모습을 점차 갖추고 있어 마음을 평화롭게 하였다.

▎성심교정에서 바라본 전동성당   ▎호남 제1성 풍남문

예전 전주부에는 성 밖에 동서남북으로 네 곳의 시장이 있었다는데 지금도 명성을 유지하면서 가장 번창하고 있는 시장이 바로 전주천변의 남부시장이다. 전주성의 남문인 풍남문 옆에 자리하여 남문시장으로 불렸던 이곳은 전주 남쪽인 완주, 임실, 김제 쪽의 물산이 모여드는 지점으로 지금은 먹거리 거리로 자리 잡아 한옥마을을 찾는 여행객들과 지역주민들이 몰려들어 하루가 다르게 규모가 커지고 있다. 지금은 전국적인 음식이지만 1960년대 전주로 이사를 왔을 당시에는 다른 곳에서 접하지 못했던 파김치, 청국장, 모주, 고들빼기김치 등을 맛보며 신기해하였던 순간들이 떠오른다.

▌한옥마을의 담장 모습들

에필로그

 틈이 날 때마다 잠깐씩, 국도1호선을 답사하며 두루두루 둘러보기는 하였지만 5년여 전, 어머니 돌아가신 후 허전한 마음을 달래며 추억 담기에 나섰던 이후 마음을 다잡고 나섰던 이번 한옥마을 답사는 최근 몇 년 사이 눈에 띄게 달라져가는 모습에 놀라움과 걱정이 교차하였다. 그나마 옛 추억을 살릴 수 있는 몇 채의 건물이 남아 있었으나 이미 용도가 바뀌어 원형을 잃어버리는 것은 시간문제일 것이다.

 2010년, 국제슬로시티로 지정되어 전주한옥마을의 가치와 위상은 올라가고 있으나 조선왕조 500년 역사의 뿌리와 민족혼의 숨소리는 상대적으로 위축되고 있지는 않은지, 언제부터인가 전주한옥마을이 전통문화를 듬뿍 느낄 수 있는 공간에서 단순한 관광, 먹거리 위주의 공간으로 변하고 있다. 몇 년 전까지 명맥을 유지하였던 '진품명품 경매장'도 사라지고 그 자리엔 정체모를 어린이 놀이기구가 들어섰다. 전통공예품, 한지전시관을 찾는 사람들은 줄어들고 타는 냄새를 풍기는 꼬치구이, 유원지에서나 볼 수 있는 솜사탕과자, 엿장수가 늘어나고 언제부터인가 초코파이, 땅콩꽈배기, 수제만두가 한옥마을 먹거리의 주류를 차지하고 있어 안타까운 마음 어디 둘 곳이 없다.

유구한 역사와 이야기가 골목 곳곳에 숨어서 눈앞에 생생하게 펼쳐지고 있음에도 불구하고 한옥마을을 찾은 사람들은 인사동 길을 방불케 하는 값싼 기념품과 길거리음식에 현혹되어 한옥마을의 진짜 얼굴과 배어있는 역사를 찾지 못하고 겉모습만 보고는 발길을 돌리고 있다.

이제는 관련 지방자치단체나 민간모임에서 대외적인 홍보 일변도에서 한 단계 나아가 이곳을 찾는 방문객들이 한옥마을을 주변의 10경景과 함께 제대로 둘러보고 배어있는 모습과 문화를 느낄 수 있도록 이끌어가는 과정에 힘을 기울여, 한 해에 500만 명 이상이 찾고 있는 한옥마을을 단순한 관광공간에서 전통을 찾고 느끼는 체험공간으로 바꾸어 가야 할 것이다.

오랜 시간 동안 이어진 발길을 따라 도시에 골목이 새겨지고 골목을 따라 바삐 오가는 사람들 속에서 켜켜이 역사가 쌓이고 세월을 간직한 골목에서 오래된 미래를 품은 도시 전주, 그 속에 한옥마을이 자리 잡을 수 있도록 우리의 소중한 삶의 흔적과 문화유산이 오늘과 앞날에 있어 가치를 인식시키고 거듭날 수 있도록 부단한 노력과 지혜를 모아야 할 전환기에 있다는 생각을 하며 한옥마을을 돌아 나왔다.

- 2014. 8. -

남해안 지역의 교량경관과 문화, 역사를 찾아서

글을 시작하며

'길'은 달려서 목적지에 빨리 닿게 하는 기능만을 요구하던 개발지상주의, 물질만능시대의 편향되었던 인식에서 서서히 벗어나, 통과기능 중심에서 주변의 경관을 감상하고 지역의 역사와 문화도 함께 느끼는 통로와 매개체로, 그 동안 소외되었던 접근기능이 재발견되고 있다.

2013년에 개통된 이순신대교의 주경간장을 1,545m로 계획한 것은 충무공 이순신장군의 탄신년 1545년을 기념한 것으로 교량에 역사를 반영한 대표적 사례임을 홍보하고 있는 것이 새삼스러우면서 기능중심, 성능중심의 토목시설물에도 역사, 문화의 새로운 스토리가 전파되고 있다는 변화를 감지할 수 있다.

이러한 관점에서 남해안 지역의 주요교량과 도로의 경관, 기하구조를 답사하는 과정에서 종래의 하드웨어적 관점에서 벗어나 경관과 문화, 역사를 담은 스토리텔링을 구성하고 도로문화 관점에서 문화 컨텐츠를 활용함으로써 도로와 주변지역을 아우르는 발상의 전환으로 도로설계기술의 발전에 기여하는 계기를 마련하고자 하였다.

■ 답사여정의 길잡이(2014. 3. 6. ~ 3. 8.)

대전~통영 고속도로를 달리며

　대전에서 진주를 거쳐 남해안 남단의 통영으로 이어지는 노선은 1988년에 수행되었던 대전~진주, 중부내륙, 대구~부산 등 3개 주요 고속도로 노선에 대한 타당성 조사 및 기본설계의 과정을 거쳐 한반도 남부지역 중앙부에 있어 서울에서 접근이 가장 멀고 어려웠던 '진주라 천리 길'로 관통하는 노선으로 내륙에 위치하여 오지로 불렸던 무주, 함양, 산청 지역이 무주리조트, 함양 한방특화지구 등으로 개발되어 오지가 기회의 땅으로 변신하는 계기가 되었다.

　금산~무주 구간은 1990년대 초반, 실시설계 당시 설계책임자로 1년여 동안 열정을 쏟았던 노선으로 전라북도 진안군에서 발원하여 북쪽방향으로 흐르고 있는 역류하천 금강의 상류인 굴암리~잠두리~용포리로 깎아지른 절벽을 굽이굽이 돌아가며 짙푸른 물빛을 비추고 있는 절경이 벌린 입을 다물지 못하게 할 정도로 비경을 뽐내고 있어, 굴암리에서 잠두리 쪽 물속으로 대가리가 잠기고 있는 용머리의 목 부분을 자르고 지나가는 것이 몹시 마음에 걸렸지만 별 뾰죽한 방도가 없어 절취를 최소한으로 조정하는 것으로 절충하고 말았던 사연을 담고 있다.

90년대 이전만 하더라도 쌀 생산이 최우선이라 절대농지, 상대농지 등은 아예 침범할 생각조차 하지 못하였지만, 90년대 이후로 자연환경의 보전이 떠오르는 시대적 트렌드에 따라 산 쪽으로 노선을 뽑지 못하고 농경지로 가도록 노선계획을 반영한 첫 사례가 아니었던가 생각된다. 그리고 무주인터체인지도 국도19호선에 바로 접속할 경우 접근거리가 부족하여 궁리 끝에 국도를 통과하여 한 바퀴 돌아 다시 국도19호선에 접속한 드문 사례를 만들기도 하였다.

무주군은 1990년대부터 기초자치단체로는 이례적으로 '공공디자인 프로젝트'를 도입한 특이한 지역이다. 평생 '공공디자인'을 도입하는데 이바지한 건축가 정기용의 열정과 당시 무주군수의 의기가 투합하여 주민들이 이용하는데 불편이 없는 공공시설물을 선도적으로 조성하였다. 한여름 땡볕을 받으며 운동장 스탠드에서 땀을 흘려야 하는 주민들을 생각하여 스탠드 뒤에 등나무를 심어 그늘을 만들었으며, 군청 뒷마당 주차장을 지하로 내리고 지상에는 공원을 만들고, 군청 주변 인간중심의 거리, 공공주차장인 '차쉼터', 안성면 면사무소의 목욕탕, 부남면 천문대 등 지금은 고인이 되었지만 시대를 앞서 간 선구자의 혜안이 지금은 지역의 크나큰 문화적 자산으로 자리 잡고 지역 활성화에도 기여하고 있는 점을 새길 필요가 있다.

▎무주군청 뒷마당 공원　　　　　　　　　　▎공공주차장 차쉼터

부산~거제 연결도로

통영인터체인지를 빠져나와 신거제대교를 건너 번듯하게 4차로로 개설된 국도14호선을 따라 부산~거제 연결도로가 시작되는 장목면 쪽으로 달렸다. 장목면은 문민정부의 대통령을 지냈던 '김영삼' 대통령의 생가와 기록전시관이 있는 곳으로 주변의 해변에는 동글동글한 조약돌이 깔려있는 몽돌해수욕장이 여러 군데 널려있다.

연장 8.2km 연결도로의 시점 쪽에 있는 '거제휴게소'는 거가대교를 '한 눈에 바라볼 수 있는 곳'으로 소개되어 있으나 조망대상인 거가대교를 바라볼 수 있는 조망점 지점에 거대한 판매시설 휴게소가 떡하니 가로막고 있어 도로에서 바라보는 내부경관으로서 거가대교를 전혀 바라볼 수 없는 것이 안타까웠다. 3주탑 사장교인 거가1교, 2주탑의 거가2교와 수심 48m에 가설된 거대한 가덕침매터널을 지나 가덕휴게소의 홍보전시관에 들러, 석양 속 거가대교를 감상하는 망중한을 가졌다.

부산~거제 연결도로는 설계와 시공을 병행하는 Fast Track 방식의 민간투자사업으로 추진되었으며, 특히 가덕도와 중죽도 사이의 해상구간은 진해만 해군기지에서 수행하는 함대작전의 작전성을 확보하기 위해서 세계최대 수심과 높은 파고 등 어려운 여건에도 불구하고 우리나라에서 최초로 침매터널공법을 도입하여 해저터널을 건설하였는데 가덕해저터널은 세계 최장 단일 함체길이(l=180m), 가장 깊은 수심(h=48m) 등 5가지 세계신기록을 자랑하고 있다. 두 지역 사이 연결도로의 개통으로 부산에서 거제까지 통행시간을 종래 '김해~창원~마산~고성~통영'을 거쳐서 오는 노선에 비해 80분이나 단축시킨 60분 정도가 소요되어 물류비 절감과 교통량 분산 등으로 인한 사회경제적 효과와 지역의 경제 활성화에도 크게 기여할 것으로 기대하고 있는 노선이지만, 개통 후 거제도의 '외도' 등 주요관광지는 종래 숙박여행이 당일여행으로 바뀌는 바람에 매출에 타격이 심하다는 후문이었다.

▎거가대교와 바다경관

나전칠기 공예와 예술의 고장 통영

임진왜란 당시 한산도에 설치된 '삼도수군통제영'으로 더욱 존재감이 부각된 통영은 임진왜란이 끝난 후 충무공의 충절과 위훈을 숭앙하고 추모하기 위해 건립된 충렬사에는 명나라 신종황제가 내린 8가지 선물인 보물 440호 '명조팔사품'과 정조대왕의 제문 등이 보관되어 있는 성스러운 곳이지만, 일제 강점기에 충렬사 앞으로 도로를 개설하여 의도적으로 지맥을 훼손한 아픈 역사 흔적을 가지고 있다.

이곳 통영은 세계적인 작곡가 윤이상의 고향이어서 매년 여름철에 '통영국제음악제'가 열려 내국인들보다는 외국인들에게 알려져 있는 고장이며, 전통공예인 '통영나전칠기'의 본고장으로 한때는 집집마다 자개농, 자개상을 갖지 않은 집이 없었으나 이제는 사람들의 취향이 변하여 우리들 곁에서 사라지고 외면 받고 근근이 명맥을 이어가고 있다니 쇄락한 가문의 영광을 되뇌는 것처럼 스산하기만 하다.

하지만 최근 통영은 '동피랑 벽화마을'로 많은 관광객이 찾고 있으며, 통영의 소문난 먹거리인 충무김밥, 꿀빵 등이 전국으로 소개되어 명물로 자리 잡고 있다. 한국의 몽마르트 언덕이라 불리는 40여 가구 60여 명의 주민들이 살고 있는 자그마한 마을 '동피랑'은 서민들의 삶과 애환이 그대로 녹아 있는 달동네로 불과 수년 전만 하더라도 철거예정지로 마을 입구조차 찾기 어려웠던 곳이었으나 마을을 안타깝게 바라보던 지역 예술가들이 힘을 합쳐 벽화를 그리기 시작하여 예술마을로 지정된 벽화마을이다.

일행은 숙소를 잡고 '한국의 나폴리'로 불리는 통영항의 야경을 볼 생각으로 중앙시장 쪽 부둣가로 발걸음을 옮겼으나 눈에 들어오는 것은 온통 충무할매김밥, 꿀빵가게 간판들이 즐비했다. 충무김밥이야 70년대 초반 서울로 올라와 명동지역에서 가게가 선을 보인지라 40여 년이 되었다지만, 꿀빵은 불과 10여 년 남짓할 텐데 이 두 가지 먹거리가 통영을 대표하여 전국적인 명물이 되고 지역경제에 큰 보탬이 되고 있다니, 평일엔 2,000여 명, 주말엔 5,000여 명의 관광객이 몰려온다는 호텔 종사자의 이야기를 실감하며 약간은 놀란 마음으로 동호동 주변을 둘러보고 맛 기행을 하였다.

▪ 통영의 동피랑 마을과 생활문화

노량해협의 남해대교와 관음포

아침 일찍 숙소를 출발하여 하동군 금남면 노량리 앞 노량해협의 남해대교를 향하였다. 진주, 사천을 지나 진교인터체인지에서 빠져나와 지방도 1002호선을 타고 길가에 심어져 있는 벚꽃 길에 감탄하며 꽃피는 4월에 다시 찾았으면 좋겠다며 한참 대화 꽃을 피우다 왠지 썰렁한 느낌에 전방을 바라보니 도로확장공사로 군데군데 잘려져 나가고 있는 꽃길의 안타까운 모습에 고개를 돌렸다. 행락철에 잠시 동안 밀리는 도로를 30여 년 이상 가꾸어 온 경관을 훼손해 가면서 이렇게 SOC예산을 투입하는 당위성을 찾는 것이 가능한 일일까? 제한된 예산, 자원을 효율적으로 활용할 수 있는 그야말로 '착한 SOC만들기 운동'을 하루빨리 전개해야 할 것 같다.

노량해협에 다다르기 직전 어느 바닷가 마을 앞에는 4차로 확장도로의 토공구간이 커다란 장벽으로 가로막아 마을 앞 바다를 볼 수 없게 고립시키고 있어 민원이 발생되고 있었다. "잘못된 도로설계 자손만대 재앙 된다"식은 땀이 배어나는 섬찟한 문구였는데 과연 발주자와 설계자는 어떻게 대응하였는지, 기능적인 접근방식에서 탈피하여 창의적인 설계를 추구해야 하는 것을 떠올리고 어떻게 처리되었는지 결과가 궁금했다.

1973년, 남해 노량해협에 가설된 남해대교는 우리나라 최초의 현수교 형식으로 당시 일본 기술진의 도움을 받아 설계와 시공을 하였으며 전체 연장이 660m, 중앙 경간장이 404m로 1970년대 중반만 하여도 수학여행 길에 남해대교를 돌아보고 사진을 찍어 주위에 자랑했던 명소였다. 육지 쪽 남해대교 입구의 정돈되지 않은 산만한 모습과 다리 건너 남해 쪽의 숙박업소와 식당의 난립으로 난민촌처럼 펼쳐진 어지러운 경관을 보다보면 가슴이 답답하고 현기증이 엄습할 정도이다. 남해 쪽 휴게소의 조망점 vista point은 제대로 정비되지 않았으며, 절취부의 옹벽 전면에는 경관도로 시범사업으로 개별 벽화를 붙여 종전의 삭막했던 콘크리트 옹벽 이미지를 어느 정도 개선한 것이 그나마 다행이었다.

▮ 남해대교 전경 　　　　　▮ 남해대교 남측 옹벽 벽화

　하동에서 이어지는 국도19호선이 한창 확장공사 중이라 편안하게 달릴 수 있었던 국도가 군데군데 전쟁터를 방불케 하여 마음은 계속 편하지 않지만 노량해전의 마지막 전장으로 충무공께서 전사하신 관음포의 역사현장을 찾았다. '노량해전'은 1598년 음력 11월 19일 순천의 왜교성, 사천 등지의 왜군과 조명연합군이 격돌한 임진왜란의 마지막 해전으로 충무공은 이 전투를 피할 수도 있었지만 조선 땅을 유린한 왜군을 응징하기 위해 최후의 일전을 벌인 후 순국하였다.

　남해 관음포 앞바다 해안의 이충무공 유적지는 충무공의 영구가 처음 육지에 안치되었던 곳으로 순국한지 234년 후인 1832년(순조32년)에 왕명에 의해 이락사李落祠가 세워졌으며, 비각에는 대성운해大星隕海 '큰 별이 바다에 잠기다'는 편액이 붙어있다. 일행은 이순신영상관에 들러 3D 영상으로 노량해전을 감상하였으며, 37세 때부터 충무공을 흠모하여 20년 가까이 그분의 행적을 찾고 유적지에서 해설자로 일하면서 지난 2월 13일, 꿈에서 이순신 장군을 만나 대화를 나눴다는 해설자의 열정적인 설명을 들으며, 전시관에서 당시의 사료를 살펴보고 구국의 영웅이신 충무공의 기운을 일행과 함께 받았다.

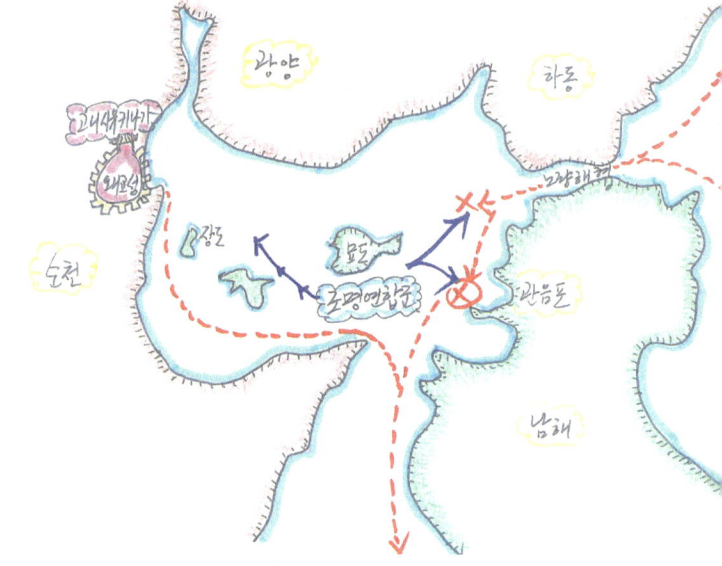

▮ 노량해전도, 1598년

▍관음포 전경　　　　　　　▍이락사

광양만을 가로지르는 이순신대교와 신성리 왜성

　19세기 후반 러시아의 남하정책에 대응하기 위해 거문도를 불법으로 2년 가까이 점령한 영국이 수심이 깊고 외해의 영향을 적게 받는 항만을 탐내어 조차를 요구하였다는 광양만은 포항제철의 광양제철소가 들어서고 광양컨테이너부두가 확장되고 여수·순천 쪽으로는 산업단지가 매립되어 임해공업지역으로 떠오르고 있다. 광양에서 여수로 가는 지름길은 바다 가운데 떠있는 묘도를 거쳐야 하므로 2013년에 이 구간을 연결하는 연장 2,260m의 '이순신대교'가 개통되었는데, 이 교량은 왕복 4차로의 순수 국내기술로 설계와 시공을 하여 유지관리가 되고 있는 최초의 한국형 현수교로 주탑의 높이가 270m로 세계최고의 높이를 자랑하고 주경간장은 1,545m로 세계에서 4번째로 해당되며, 충무공의 탄신년 1545년을 기념하여 교량에 역사적 사실을 반영한 사례로 기록되었다.

　이순신대교가 통과하는 해협은 바람의 세기가 굉장히 센 곳으로 아직 공사 중인 묘도 쪽의 전망공간으로 올라가 보니 세찬바람에 사진촬영이 어려울 정도였다. 이곳의 전망대에도 판매시설만 유치할 것이 아니라, 일본의 아카시대교처럼 기록전시관을 체계적으로 계획하여 대역사大役事에 관련된 상세한 자료관을 설치하여 세계적인 구조물에 대한 자부심과 이해를 지속적으로 높여가는 지속가능한 장소로 가꾸어야 할 것이라 생각된다.

다시 차량을 돌려 광양만의 산업지대를 지나 순천 신성리 왜성(왜교성)을 찾았다. 10여 년 전 화성연구회 하계답사로 해거름 무렵 찾았을 때는 들어가는 길을 제대로 알지 못해 헤매기도 했었지만, 지금은 진입도로와 왜성주변과 성내가 제대로 관리되고 있는 듯하다.

　신성리 왜성은 정유재란(1597년) 당시 육전에서 패퇴한 왜군 선봉장 우끼다 히데요이와 도오다카도라가 호남지역을 공략하기 위해 전진기지겸 최후 방어기지로 삼기위해 쌓은 성으로 고니시 유키나가의 왜군이 주둔하여 조명연합군과 격전을 벌였던 곳으로 천수각과 부속건물은 없어졌지만 내성, 외성의 형태가 비교적 양호하게 남아 있으며 천수각의 터도 그대로 남아있는 대표적인 해성海城의 형태이지만, 부근에 율촌산업단지가 매립 조성되어 왜성 앞의 '장도'가 사라지고 해안에 우뚝 솟은 성의 모습이 언뜻 떠오르지 않아 개발과 보전을 조화롭게 하는 지혜가 아쉬웠다.

▌이순신대교와 신성리 왜성

담양 소쇄원과 메타세쿼이아 길

승주, 곡성을 거쳐 남해고속도로 창평인터체인지에서 빠져나와 담양군 남면에 있는 '소쇄원'을 찾았다. 소쇄원은 조선시대 중기, 계곡을 사이에 두고 자연과 인공이 조화를 이루는 대표적인 민간 별서정원으로서 홍문관 대사헌으로 있던 소쇄瀟灑 양산보梁山甫는 스승인 조광조가 기묘사화(1519년)로 능주로 유배되어 사사賜死되자 모든 관직을 그만두고 고향인 이곳으로 내려와 소쇄원을 조성하였다.

소쇄원은 조선중기 호남지방 사림문화를 이끈 인물의 교류처가 되었으며 면앙 송순, 하서 김인후, 제봉 고경명, 송강 정철 등이 드나들면서 정치, 학문, 사상 등을 논하던 구심점 역할을 하였다. 소쇄는 '맑고 깨끗하다'는 뜻으로 당시 양산보의 마음을 잘 표현하고 있으며, '비 개인 하늘의 상쾌한 달'이라는 뜻으로 주인이 거처하면서 학문에 정진하던 공간인 아담한 제월당霽月堂 앞에서 바라보는 소쇄원의 전경은 마치 압축된 공간에 미니어처를 만들어 놓은 듯, 징검다리 위로 계곡을 가로지르며 자연을 거스르지 않고 소통하고 있는 담의 모습, 제월당 뒤 야트막한 언덕으로 봄나들이를 간 새댁의 돌아오는 발걸음을 기다리듯 촉촉이 젖어있는 산길 모습은 길손의 마음을 선뜻 벗어나지 못하게 하였다.

▎소쇄원

담양군에서 1970년대 초반 가로수 조성 시범사업을 하여 국도24호선 양쪽에 묘목을 식재한 것이 지금 담양에서 순창으로 이어지는 국도에 있는 메타세쿼이아 길이다. 이 길은 1990년대 초반 국도 확장공사로 군데군데 훼손될 위기에 있었으나 환경단체와 의식 있는 사람들이 적극적으로 여론을 조성하여 메타세쿼이아 길을 보존하고 별도 노선으로 4차로 도로를 개설하여 절충한 사례로 개발과 보전의 상충관계에서 자연유산의 가치가 새롭게 인식된 시발점으로 평가하고 있다. 이곳의 메타세쿼이아는 수령 40여 년으로 높이가 35m, 지름이 2m에 달하는 나무로 추위와 공해에 강하고 탄소흡수율이 높은 가로수 수종으로 친환경도로의 설계 시, 가로수 수종선정에 있어 많은 시사점을 던져준다.

▌메타세쿼이아 길과 관방제림

최근 웰빙 열풍으로 메타세쿼이아 길이 담양의 명소로 떠오르고 있지만 가로수길 양쪽으로 4차로 일반국도와 2차로 지역내 도로가 둘러싸고 있어 외로운 섬의 모양새를 띄고 있으며, 늘어나고 있는 관광객을 겨냥하여 난민촌 같은 간이 판매시설이 아름다운 경관을 헤치고 주변자연과 조화를 생각하지 않은 대규모 단지조성계획이 구상 중에 있어, 자연자원을 보전하고 통행하는 차량의 정온화를 이루지 못할 경우 무계획한 개발이 가져올 황폐함과 어지러움을 떠올리며 진땀이 묻어났다.

차분히 살펴보니 광주광역시에 닿아있는 담양군은 대나무 테마숲 죽녹원, 추월산, 담양호, 송강정, 면앙정 등 뛰어난 자연과 문화유적들이 곳곳에 널려있는 풍요롭고 기품 있는 고장이다. 담양을 탐방하는 김에 조선시대 홍수피해를 막기 위해 제방을 만들고 나무를 심은 인공림으로 자연재해를 막은 선조들의 지혜를 알 수 있는 약 2㎞에 걸쳐 푸조나무, 팽나무, 벚나무 등 420여 그루가 자라고 있어 일부 구간은 천연기념물로 지정된 '관방제림官防堤林'과 최근에 조성된 4대강사업의 영산강 살리기 사업구간을 둘러보고 숙박예정지로 루트를 잡아 떠났다.

답사를 마무리하며

이번의 '거가대교~통영~남해대교~이순신대교~담양 메타세쿼이아 길'로 이어지는 도로답사는 우리가 연구개발 하고 있는 '탄소중립형 그린네트워크 도로설계기술' 연구답사와 더불어 지금까지 단순히 도로현장과 주변에만 국한시켜 둘러보고 돌아왔던 기존답사의 프레임에서 벗어나 대상도로와 대상교량은 물론 주변의 자연경관, 역사, 문화 등을 아우르는 그야말로 융합적 관점에서 탄소저감형 도로설계기술 개발과 도로문화 창출을 도모하였다는 점에서 의미를 둘 수 있다.

우연찮게도 답사코스가 충무공 이순신의 행적을 따라 역사기행을 함께 하여 노량해전 최후 격전지인 관음포의 이락사李落祠에서 충무공의 나라를 사랑하는 충정 '戰方急 愼勿言我死, 싸움이 바야흐로 급하니 나의 죽음을 말하지 말라'을 새롭게 느끼며 송림 속에서 쪽빛 봄 바다를 망연히 바라보고 당시를 떠올리는 순간을 가지며, 어지러운 이 세상을 어떻게 살아갈 것인지 지혜를 구하는 길에 빠져 보았다. 노량해전에서 뚜렷이 한 페이지를 차지하고 있으면서도 일본의 흔적이라 도외시 되었던 묘도 앞의 '신성리 왜성터'도 찾아 '노량해협~묘도~신성리 왜성~관음포'로 이어지는 임진왜란 마지막 역사의 흔적을 새겨보는 소중한 기회도 가졌다.

담양 메타세쿼이아 길을 답사하면서 양쪽으로 4차로, 2차로 도로에 둘러싸인 이 길을 어떻게 하면 경계를 구분 짓는 인공시설물의 이미지를 완화시

■ 자연의 기하학적 형상을 연출하고 있는 가로수 숲
■ 기지개 켜듯 피어나는 계곡의 생강나무

켜 자연스럽게 전체공간이 하나가 되게 할 수 있을 것인가? 양쪽으로 달리기 경주하듯 질주하는 차량들이 메타세쿼이아 길의 경관과 자연의 소중함을 잠시라도 느끼면서 달리게 하면 더욱 소중한 자연유산이 될 수 있지 않을까? 잠시 생각이 머무는 순간을 가졌다.

또한, 가까이 있는 역사적 유산인 '관방제림'을 둘러보고, 최근 이슈가 되었던 국책사업인 4대강사업의 영산강구간을 살펴보면서 하천정비사업이 어떠한 규모로, 형태로 이루어졌는지, 과연 충분한 당위성을 가지고 추진된 사업인지, 주변도로와 어떻게 연계되어 있는지, 단절되지 않고 소통되는 친환경이란 무엇인지, 그래서 우리가 추구하는 친환경도로와 경관과 문화가 있는 도로가 나아가야 할 방향에 대해서도 고뇌하는 순간을 가지며 답사자들은 서로 공감하였다.

답사와 경관, 역사, 문화를 아우르는 새로운 프레임의 시도는 실존적 사실인 형이하학에 집착하고 있는 기술자가 교양 있는 엔지니어로서 유연성과 더 큰 상상력을 발휘하는 소양을 갖추기 위한 꼭 필요한 과정이라 생각되며 더불어 만물이 생동하는 계절, 봄을 마음껏 느끼면서 새로운 지식의 습득과 힐링의 체험도 가졌다.

관음포 바닷가에서 봄소식을 실어온 백매화白梅花의 눈부신 화사함, 송림 속 동백의 붉은 빛 선명함 그리고 맑고 깨끗한 소쇄원 계곡 생강나무의 기지개 켜듯 피어나고 있는 연노랑 꽃잎, 바람… 물… 공기… 하늘… 숲… 바다… 눈에 아른하며 온 몸을 가득 채우고 있다.

- 2013. 4. -

광화문에서 삼청동, 성북동으로 걷는 길

광화문에서 생각나는 것들

 '나의 문화유산 답사기'로 답사문화의 새로운 장르를 펼친 유홍준 교수는 "우리나라는 전 국토가 박물관이다"라 하였다. 하지만 우리는 우리가 살아가고 있는 곳의 참 모습과 참된 가치를 제대로 인식하지 못한 채 '문화사대주의' 그늘 아래에 있는 자신을 돌아보지 못하고 있는 것은 아닌지, 화려함과 거대함에는 쉽게 현혹되면서 평범함과 소박함 가운데 자리 잡고 있는 아름다움을 흔한 것으로 치부하는 어리석음을 범하고 있다는 생각이 들 때도 있다.

 광복 70년을 맞이하며 잃어버린 정체성을 되찾으려는 노력의 물길은 더욱 거세어지고 있음을 느끼지만, 한 세대 이상의 세월동안 식민 지배를 받은 민족이 다시금 얼과 정체성을 회복하기에는 한 세기가 걸려야 한다는 역사가들의 말을 새기며, 언제부터인가 도시의 길에서 우리의 삶의 흔적과 정체성을 찾으려 발품을 팔고 있다.

 풍광이 뛰어나고 아름다운 길은 모든 사람들에게 사랑을 받고 있지만, 오랜 삶의 흔적이 묻어나는 골목길은 언뜻 드러나지 않지만 사람 사는 냄새가

■ 광화문 주변의 모습들

풍기고 정이 전해지고 어릴 적 추억이 살아있는 정겨운 길이다. 그 길을 걸으며 세월의 흔적과 문화유산들을 살피며 도시의 번잡함과 소란스러움에 묻혀 있던 스스로의 모습을 땅 속에 묻혀 있던 문화재를 가녀린 붓과 빗자루로 쓸어내듯 되찾아 가는 길을 걷는다.

지난 2009년 '광화문광장 조성사업'의 새로운 모습으로 탈바꿈한 광화문 일대의 세종로는 중앙분리대에 심어져 있던 80여 년 수령의 은행나무를 부근의 공원으로 옮겨 심고 당초 왕복 16차로였던 도로를 10차로로 줄이고 중앙에 폭 40m의 광장이 들어선 특이한 '도로 속 섬' 모양이 되어 있지만 조선시대부터 600년을 내려온 역사의 흔적을 찾아가는 출발점은 뭐니 뭐니 해도 조선의 정궁인 경복궁 정문 광화문光化門이다. 일제 강점기를 거치며 심하게 훼손된 광화문 일대는 조선시대에 의정부와 육조, 한성부 등 관아가 길 양쪽에 있어 육조거리로 불렸던 당시 행정의 중심거리였으며, 지금도 정부종합청사가 자리 잡고 있는 행정의 중심거리이다.

삼청동으로 들어가는 길

　광화문과 경복궁 뒤에 우뚝 솟은 북악산北岳山은 한 마리 큰 용이 용트림을 하며 내려오는 형상이라 경복궁 터의 살아있는 기氣를 가득 느끼며 오른쪽으로 발걸음을 돌리니 도로 가운데 외롭게 서있는 동십자각 지붕 위의 잡상이 눈에 띈다. 경복궁 성곽의 모서리에 있었던 동십자각이 일제 강점기 도로개설로 외로운 섬처럼 되어버린 어색한 모습이다.

　다시 발걸음을 옮기니, 1970년대 경복궁 주변의 명소였던 프랑스 문화관 건물이 지금은 폴란드 대사관으로 바뀌어 있고 군사정부시절 공포의 대상이었던 국군보안사령부, 수도국군병원 터에는 국립현대미술관 서울관이 얼마 전부터 자리 잡고 있다.

　청와대로 들어가는 길목에서 갈라져 삼청동 길로 들어서니 한 때는 청와대 주변이라 집수리도 함부로 할 수 없어 슬럼화 되었던 곳이 이제는 문화와 먹거리 골목으로 탈바꿈하여 한가로이 걷기가 어려운 정도로 붐비고 있고 찹쌀 수제비로 이름이 높았던 '삼청동 수제비 집'은 찾는 사람들로 그야말로 장사진을 치고 있어 격세지감이란 말이 저절로 떠오른다.

　요즈음은 방송국의 인기프로그램인 '생생정보통', '생활의 달인' 등에서 먹거리가 주요테마로 떠오르다 보니 전국이 맛 기행 열풍에 빠져 맛 집을 들러보지 못한 사람은 아예 유행에 뒤쳐진 사람처럼 취급되고 있으니 어떻게

▎삼청동의 거리 모습　　　　　　　　　　▎맛집 앞에 늘어선 사람들

보면 '자기 나름'이 아닌 시각으로 살아가고 있는 우리나라 사람들의 특이한 행태가 고스란히 드러나는 것 같다. 대학시절 삼청동 뒤 산길을 걸어 호젓한 삼청공원으로 들어가 라면과 소주를 맛보던 허름했던 백열등이 켜져 있던 가게는 공원계획에 밀려 철거되고 어린이 쉼터와 도서관이 들어서 있어 40여년이란 세월의 흐름을 느끼게 한다.

■ 한때, 명륜동 주민들의 유일한 휴식공간이었던 와룡공원, 고 노무현대통령은 명륜동에서 거주하던 시절 이곳에 올라와 배드민턴을 즐겼다는데 지금은 사람도 떠나고, 성곽 아래로 길이 뚫리고 숙정문 쪽 등산로가 개방되어 많은 사람들이 쉽게 찾는 곳으로 바뀌었다.

신혼시절 생수를 길러 다니던 삼청공원을 지나 감사원을 거쳐 남북대화사무국을 옆으로 하고 고불고불한 산길을 걸어 오른쪽으로 내려다보이는 서울시내의 풍경을 감상하며 성균관대학 후문을 돌아서 오르니 종로구와 성북구의 경계에 있는 와룡공원이 나타난다. 서울성곽으로 가로 막힌 이곳은 위로는 청와대 외곽을 경비하는 군부대 영역이고, 아래로는 명륜동 지역에 사는 주민들에게 산책로와 운동공간을 제공하는 한적한 곳이었으나 몇 년 전 성북동 쪽으로 도로가 뚫리고 청와대 뒤쪽으로 숙정문~북악산 등산로가 개방되면서 차량으로 쉽게 접근할 수 있는 곳이 되었는데 서울성곽을 넘어 성북동에 있었던 '성 너머 집'의 가마솥 삼계탕과 닭볶음탕은 포기김치와 김치전을 곁들여 일품이었지만, 북악산 공원화계획으로 철거되어 불광동 불광중학교 근처로 옮겼다는 이전 안내판이 길손을 맞이하고 있었다.

서울 성곽을 넘어 심우장으로

성북동으로 내려가는 고불고불한 산길 주변에는 예전에 산 아래 막다른 곳이라 그런지 다세대 빌라와 최근에 개업한 카페가 눈에 띄었으며 성북동에 연결되는 이 지역이 대사관과 대사관저가 밀집되어 있는 곳임을 말해주듯 '우정의 공원'이 조성되어 세계 여러 나라의 국기가 펄럭이고 주변에는 고급빌라가 들어선 모습이 부촌으로 명성이 높은 곳이란 느낌이 전해졌다.

▌성북동 우정의 공원

점심때가 되어서인지 맛 집으로 알려진 '성북동 수제비 집' 앞엔 단체로 찾아온 식객들이 줄지어 서있는 모습이 여느 곳과는 다른

▌맛집 앞에서 기다리는 사람들

광경으로 인식되었고 '만해 한용운' 선생이 기거하였던 심우장으로 향하는 길목에는 2년 전과는 달리 만해공원이 조성되어 만해 선생의 좌상과 쉼터가 있었다. 만해 한용운은 20세기 우리나라의 불교개혁가이자 시인으로 활동하였으며 일제 강점기에 저항운동을 벌인 독립운동가로 1919년 3·1 독립선언 33인 대표 중 한 분이다. 심우장은 조선총독부를 등지고 살려는 마음을 먹고 북향으로 집을 짓고 산 곳이지만 그는 조국의 광복을 보지 못하고 1944년에 숨을 거뒀다. 이러한 한용운의 유적은 성북동의 심우장 뿐만 아니라 강원도 인제의 설악산 백담사, 충남 홍성의 한용운 생가, 경기도 남한산성 내의 만해기념관 등에서 찾아 볼 수 있다.

마침 대학시절에 구입하여 애독하던 한용운 시집 '님의 침묵'에서 그의 대표작인 '님의 침묵'을 펼쳐 읊조려 보았다.

님의 침묵 沈默

님은 갔습니다. 아아, 사랑하는 나의 님은 갔습니다.
푸른 산 빛을 깨치고 단풍나무 숲을 향하여 난 작은 길을
걸어서 참아 떨치고 갔습니다.
황금의 꽃같이 굳고 빛나던 옛 맹세는 차디찬
티끌이 되어서 한숨의 미풍에 날려 갔습니다.
················ 중략 ················

우리는 만난 때에 떠날 것을 염려하는 것과 같이
떠날 때에 다시 만날 것을 믿습니다.
아아, 님은 갔지마는 나는 님을 보내지 아니하였습니다.
제 곡조를 못이기는 사랑의 노래는 님의 침묵을 휩싸고 돕니다.

▌만해공원과 심우장

'인간 중심의 거리'로 변신하고 있는 길

심우장을 나와 한국의 '비버리 힐즈'라는 성북동 부촌의 모습을 멀리 내려다보며 인간은 살아가고 있는 환경과 자연에 영향을 받는다는 역설을 생각하였다. 성북동 길은 몇 년 사이 그야말로 인간 중심적인 편안한 거리로 바뀌고 있었다. 배리어프리 관점에서 보·차도 경계석의 턱을 최대한 낮추고 차량의 출입이 허용되는 곳에는 거친 면 석재포장으로 경계석 부분을 처리하여 안전성을 확보하였으며, 보행자의 수가 많아 차량과 분리가 필요한 곳에는 개방적이고 심플한 디자인의 핸드레일을 설치하여 경관의 조화를 도모한 점이 성북동 길의 품격을 높이는데 한 몫을 하고 있었다.

▌성북동 길의 모습들

다시 간송미술관 쪽으로 내려오다 보면 성북천이 복개되기 전에 있었던 쌍다리 부근에 돼지갈비집이 몰려있어 맛집 거리로도 이름이 높은데 가끔 지인들과 함께 들러서 6천원에 배불리 먹을 수 있는 쌍다리 집의 돼지불고기는 이곳의 별미로 추천하여도 모자람이 없을 정도이다.

성북동에 가면 떠오르는 미술관은 단연코 '간송미술관'이다. 간송미술관은 전형필 선생이 33세 때 세운 미술관으로 그는 우리의 전통문화가 속절없이 파괴되고 유출되던 일제 강점기에 민족의 혼과 얼이 담긴 문화재를 수집하고 보존하여 '문화로 나라를 지킨다'는 웅지를 실천한 선각자로 우리나라 최초의 근대식 사립미술관이다. 간송선생은 '훈민정음 해례본' 등 한국의 국보를 가장 많이 가지고 있는 미술관을 세워 민족혼을 지키고 후대에 우리 역사와 문화에 대한 자긍심을 일깨우려 했었다.

전반적으로 차량이 쌩쌩 달리지 않고 편안한 분위기를 주는 성북동 길을 걷다보니 선잠단지가 나온다. 사적 제83호인 이곳은 누에를 처음치기 시작했다는 잠신蠶神 서릉씨에게 제사를 지내며 누에농사의 풍년을 빌던 곳으로 조선시대에 임금은 친경親耕이라 해서 손수 농사짓는 시범을 보이고 왕비는 친잠이라 하여 누에치는 모범을 보였다는데 지금은 사라져 찾아보기 힘든 시골에서 누에치는 모습이 아련히 떠올랐다.

▍간송미술관 입구와 선잠단지

골목길을 따라 길상사 쪽으로

길상사로 가는 골목길로 들어서니 양쪽으로 나타나는 자그마한 가게들은 나름대로 수준을 가지고 있는 모양이라 성북동에 살고 있는 소득수준이 높은 사람들을 대상으로 하는 것이 아닌가 생각하고 있는데 집사람의 발길이 간판도 없는 옷가게 앞에서 멈추더니 뗄 생각을 하지 않아 하는 수 없이 따라서 들어갔더니 깔끔한 이미지의 순수미술을 전공했다는 여주인이 우리를 맞이하며 본인이 원단을 구입하고 디자인을 한 작품에 대해 설명하는 분위기가 자부심이 상당히 높은 토탈 디자이너로 인식되었다.

주변 건물과 조화를 이루며 약간 바랜 붉은 벽돌로 지은 성북동성당의 성상을 바라보고 가볍게 경배를 드리며 오르막길을 걷다보니 북악슈퍼를 지나 보자기 공예로 이름이 높은 '효제공방' 앞으로 길상사가 나타난다. 길상사는 1960~1970년대 유명한 요정이었던 곳으로 법정스님이 이곳을 맡아서 1997년 '맑고 향기롭게 근본도량 길상사'로 창건한 도량으로 2010년에 법정스님이 입적한 이후에도 도량의 창건정신이 이어져 내려와 많은 사람들이 찾는 명소가

▌길상사로 가는 길의 모습들

되었다. 길상사에는 여느 사찰에서는 볼 수 없는 특이한 모습을 한 관세음보살상이 있는데 조각가 최종태의 작품으로 천주교의 마리아 상을 언뜻 연상케 하는 불교와 천주교가 소통하여 이루어진 모습이 아닌가 생각하며 길상사의 이곳저곳을 둘러보다 보니 계곡 쪽으로 예전에 없었던 템플 스테이를 위한 새로운 공간이 들어서서 자연스런 경관을 훼손하는 것이 아닌가 걱정되었다.

성북동 길을 돌아 나오며

길상사를 둘러보고 나오며 맞은편에 있는 효제공방에 들러 보자기 공예품과 자수 작품을 감상하고 다시 올랐던 길을 내려오며 주변의 에티오피아 대사관저, 아프리카 국가 대사관 건물, 올려다보기에 힘들 정도인 저택들과 정갈한 모습의 길거리를 눈에 담았다. 성북동 길을 걸으며 자연, 역사, 문화, 디자인, 삶의 모습, 먹거리 등 여러 가지를 느끼고 보고 감상하는 기회를 가질 수 있었다.

이제 다시 '길'의 의미를 생각해본다. 우리는 '길' 위에서 살아간다. 인생이 '길'이고 우리가 추구하는 것이 모두 '길' 이다. '길'은 소통이 목적이며 장소와 장소, 지점과 지점, 개인과 개인을 이어주는 역할을 한다. '길' 위에서 소통이 이루어지고, '길'은 나를 세상과 관계를 맺게 해주는 통로가 된다. 오늘도 우리는 골목길에서 의상실 여주인을 만나 옷과 디자인, 텍스타일에 대해 대화를 하고 짧게나마 자신이 살아온 인생에 대해서도 삶의 한 부분을 공유하는 기회를 가지고 서로 교감하며 다시 찾아 올 것이란 인연을 맺었다.

대학 학창시절, 성북동 어느 암자 근처에서 자취를 했던 친구 집을 찾아 드나들며 자취생 친구가 해주던 밥을 얻어먹었던 추억, 근처의 암자를 홀로 찾아 법당 주변을 거닐며 사색을 즐겼던 추억을 떠올리면서, 길거리 주변의 볼거리를 둘러보며 성북동 큰 길을 따라 걸어 나오며 옛 모습을 중첩시키다 고개를 들어보니 저 멀리 오른쪽으로 명륜동에서 혜화동 언덕을 따라서 삼선교 쪽으로 내려오다 들리곤 했었던 '나폴레옹 제과점'이 자리를 옮겨 아직도 명맥을 유지하며 우뚝 솟은 모습으로 다가오며 정겨웠던 옛 모습과 겹쳐지고 있었다.

- 2016. 2. -

호주의 그레이트 오션 로드와 그랜드 퍼시픽 드라이브

멜버른의 친환경·디자인도로 이스트링크 *East Link*

멜버른의 동부와 남동부 교외를 잇는 이스트링크 East Link는 2005년, 착공되어 2008년 6월에 개통되어 2043년 11월에 호주정부에 운영권을 넘겨 주는 조건으로 공용 중에 있다. 이 사업은 커넥트 이스트 컨소시엄이 시행하고 타이스 존 홀란드사가 설계와 건설을 담당하였으며, 이스트링크는 길이 39㎞의 고속도로로 멜버른에서는 두 번째로 완전 전자요금 지불방식으로 운영되고 호주 내 민간투자 유료도로 중 최저 통행료를 적용한다는 점 외에도 환경, 경관, 디자인, 조경분야를 특화한 시설이 주목을 받는 대표적인 고속도로이다.

▎멜버른 East Link 노선도

이스트링크의 공사비는 약 2조4천억 원이고 총 사업비는 약 3조8천억 원에 달하는데 사업비의 55%가 은행부채로 조달되었으며, 이 프로젝트의 핵심은 효율적 투자로 최저 통행료와 환경을 배려하여 고품질을 달성했다는 점에서 민간투자사업의 귀감이 되고 있다.

이스트링크는 도로 건설 시 습지대 조성, 오픈스페이스와 공원을 통해 식생을 재생시킨 점 등이 높이 평가받고 있으며, 70개의 상시 또는 계절형 습지대를 조성하여 도로에서 흘러나오는 우수를 여과시키는 시스템을 친환경 관점에서 차별화 하고 있다.

면적에 있어서는 멜버른 전체의 공원과 정원 면적보다 큰 규모이며, 480만㎡에 달하는 습지대에 450만 그루의 나무와 토종식물을 식재하였으며, 환경에 민감한 물룸물룸 Mullum Mullum 계곡을 보호하기 위해 두 개의 터널을 설치하였으며, 이스트링크 트레일 이라는 35㎞의 오솔길을 도로에 연결시켜 도보나 자전거로 시내의 다른 목적지와 통하도록 하였다. 오픈스페이스 공원을 조성함으로써 도로 자체가 멜버른의 또 다른 Amenity로 활용되고 있으며, 도로변과 이스트링크 트레일 주변에 각각 크고 작은 규모의 조형물과 디자인 방음벽을 설치하여 도로의 품격을 높이고자 한 점이 흥미롭다.

본선은 100~110㎞/h 주행속도로 운영되고 있으며, 진입로 구간 주행속도는 100㎞/h를 적용하여 진입하는 차량을 무리 없이 자연스럽게 본선 진입을 유도하고 있는 방식은 진입로의 속도를 본선속도에 비해 절반 수준으로 설정하여 연결로와 테이퍼를 통하여 본선으로 진입하는 우리나라의 방식과는 달랐다.

오스트레일리아는 특성상 녹화를 위한 노력을 하지 않아도 될 만큼 비교

East Link의 디자인 방음벽

▌East Link의 디자인 교량

▌East Link Trail   ▌도로변 비점오염원 처리시설

적 도시의 자연환경이 뛰어나며, East Link 역시 Ringwood부터 Frankston 까지 45km 거리 안에 Mullum Mullum Valley를 포함한 자연자원들이 있으므로 이러한 생태계들을 최대한 보존하는 것은 이 프로젝트의 주요 특징 중 하나로 East Link의 환경에 관한 계획은 매우 다양하다.

- 환경적 관점을 고려하여 작업 안전과 환경을 분석
- 근로자가 환경관련 제한사항과 조건을 파악할 수 있도록 현장에 Site Environment Plan을 게시
- 수로에 미치는 영향을 최소로 조절하기 위해 땅 위에 흐르는 빗물을 퇴적물 연못에서 처리하여 건설 활동에 재사용
- 자연 환경에 동조되고 자극적이지 않게 전체 도시디자인 테마의 색상과 조화를 이룸

- Corhanwarrabul Creek에 자주 목격되던 오리너구리를 위한 오리너구리 터널을 건설하였으며, 일부 오리너구리는 밀폐된 공간을 경계하므로 가능한 자연 상태에 가깝게 조성
- 소음과 진동이 지역 사회에 미치는 불편을 최소로 조절하기 위해 지속적인 모니터링을 수행

도로에서 탄소를 저감하는 것은 도로설계에서 빼놓을 수 없는 관점이므로 East Link의 목적 중 하나는 멜버른의 동부와 남동부 지역의 교통 혼잡을 완화하여 보다 효율적인 교통흐름으로 연료소비와 배기출력을 감소하고 East Link 주위에 식물을 식재하여 탄소 저감을 위해 노력하고 있어 지속가능한 도로를 위한 노력이 돋보였다.

위대한 자연유산 그레이트 오션 로드 Great Ocean Road

그레이트 오션 로드는 서부 해안을 끼고 빅토리아주 토키 Torquay에서 와남불 Warrnambool을 잇는 243km의 해안도로를 일컬으며 파도에 의해 침식된 바위와 절벽, 굴곡이 있는 해안선으로 이루어져 있다. 이 도로는 제1차 세계대전을 마치고 돌아온 참전용사들에게 일자리를 제공하기 위해 건설되었으며, 호주판 '뉴딜정책'의 산물로 평가되고 있다.

중장비도 없이 삽과 곡괭이를 사용해 1919년부터 16년간 공사를 하여 건설한 도로의 개통으로 과거 고래잡이 중심지였으나 포경이 금지되며 급격히 쇠퇴했던 와남불 일대는 이제 세계적인 여행지로 거듭났다. 그레이트 오션 로드는 크게 질롱 오트웨이 Geelong Otway, 쉽렉 코스트 Shipwreck Coast, 디스커버리 코스트 Discovery Coast로 나누어지며, 각 지역에는 서핑을 즐기기에 알맞은 해변과 자연의 아름다움을 보여주는 자연 그대로의 해안선과 절벽들이 있어 관광객들을 끌어 들이고 있다.

▌Great Ocean Road

쉽렉 코스트 Shipwreck Cost는 '난파선 해안'의 의미를 가지고 있듯이 약 80척이 넘는 난파선이 해저에 수장되어 있다고 하며, 이곳은 가장 유명한 관광명소로서 널리 알려진 12제자(예수 그리스도의 12제자를 의인화한 바위들의 이름)와 런던브리지 바위, 로크아드고지 Lorch Ard Gorge 등 파도와 바람, 세월이 만든 조각 작품이 긴 해안을 따라 이어져 있다.

2000만 년의 세월에 걸쳐 파도와 바람이 빚어낸 '12사도상'은 예수의 열두 제자를 연상시킨다고 해서 붙여진 이름이며, 깁슨 스텝스에서는 해변으로 내려가 바로 눈앞에서 12사도 바위를 볼 수 있으나 기상조건에 영향을 많이 받는다. 로크아드고지에는 1878년 이곳을 지나다 높은 파도를 만나 침몰한 이민선 로크아드호와 두 생존자의 이야기가 전해지고 있으며 런던브리지는 원래 다리 모양으로 육지와 연결돼 있었으나, 파도와 바람을 견디다 못해 1990년 1월 다리 중간 부분이 무너져 내린 형태를 보이고 있으며, 파도와 바람, 오랜 세월이 만든 경이로운 지형이 긴 해안을 따라 이어져 있는 모습이 장관을 이루고 있다.

■ 그레이트 오션 로드 게이트   ■ 12사도 바위 Twelve Apostles

■ 시설물 설치를 최소화한 그레이트 오션 로드의 전경

그랜드 퍼시픽 드라이브 *Grand Pacific Drive*

그랜드 퍼시픽 드라이브는 시드니 외곽의 로열국립공원부터 울런공 Wollonggong과 키아마 Kiama를 경유하여 나우라 Nowra까지 사우스코스트 지역 해안을 남북으로 잇는 총연장 140㎞의 도로로 2005년에 개통되었으며, 구간 내 지형과 조화되고 환경훼손을 최소로 한 연장 665m의 씨 클리프 브리지 Sea Cliff Bridge는 경관과 디자인이 우수한 콘크리트 교량으로 이 구간의 대표적인 아이콘으로 자리 잡고 있다.

특히 키아마의 프린세스 하이웨이에서 시작하여 북쪽으로 해안을 따라 시드니까지 달리는 드라이브 코스는 7분여가 지나면 곧바로 Grand Pacific

Drive의 빼어난 경관 드라이브를 시작할 수 있으며 키아마 해안의 등대와 밀려온 파도가 물러가다 뒤따라 온 파도에 떠밀려 하늘로 솟아오르는 Blow Hole 등의 명소를 감상하며 드라이브 코스를 즐길 수 있다.

이 구간의 드라이브 코스는 해안과 근접하여 도로가 건설

▎Grand Pacific Drive

되었으며, 지형의 특징을 보존하기 위하여 주행속도 개념을 반영하여 구간별 적절하게 주행속도를 변화하여 운영하고 있는 것이 특징이다. 주행속도는 50~80km/h 수준으로 운영하고 있으며, 선형이 불량한 구간은 주행속도를 20~50km/h 까지 5km/h 단위로 차이를 두어 운영하여 안전한 주행을 도모하고 있다.

해안도로의 특징인 가파른 암구간이나 낭떠러지 구간 통과 시 낙석방지시설이나 시선유도시설 등을 최소로 하여 편안한 분위기를 유지하고 있으며 깎기부와 쌓기부는 완만한 비탈면 경사를 조성하여 충분한 식재를 반영하고 가능한 기존의 수림을 보존하여 자연스러운 경관을 유지하고 있다. 더불어 관광객 등 방문객을 위하여 정차형이나 관광거점형 쉼터를 조성하여 구간의 관광정보와 공사정보, 조망정보 등 편의를 제공하고 있다. 대표적인 아이콘인 '씨 클리프 브리지'는 콘크리트 교량으로 바다

▎자연훼손을 최소화한 상태

호주의 그레이트 오션 로드와 그랜드 퍼시픽 드라이브

▮ 씨 클리프 브리지의 내부경관　　▮ 씨 클리프 브리지의 외부경관

쪽으로 보도가 설치되어 보행자를 배려하고 지역 간 소통을 위한 커뮤니티 연계 역할을 하고 있으며, 원경역遠景域에서 조망을 제공하기 위하여 선형과 지형을 고려한 View Point가 적절하게 조성되어 있어 주행 시 경관과 더불어 해안도로 전체를 조망하며 아름다운 내부경관과 외부경관을 조화롭게 감상할 수 있는 기회를 제공하여 관광명소와 힐링코스로 자리 잡고 있다.

▮ 씨 클리프 브리지의 View Point

시드니에서 캔버라, 멜버른을 연결하는 고속도로와 간선도로

시드니~캔버라~멜버른 간 M31(Hume Highway) 도로는 왕복4차로 지방지역 고속도로로서 충분한 녹지 중앙분리대를 확보하고, 완만한 비탈면 경사와 기존 수림을 자연스럽게 보전하고 있으며, 멜버른 주변 고속도로 M80(Western Ring Road), M1(Princes Highway) 도로는 도시지역 고속도로로서 방음시설, 교량 등 도로시설물에 대한 다양한 디자인을 반영하여 운전자의 지루함을 해소하고 편안한 주행성을 확보하고 있다.

▎M31 고속도로(시드니~캔버라) 전경

　멜버른~베인스 데일~이든~나우라~시드니 간 A1(Princess Highway) 도로는 주로 왕복2차로이며 주기적으로 추월차로를 설치하여 운영하고, 선형과 지형 특성에 따라 동일한 지점에서도 주행속도를 상행과 하행에 차등적으로 적용하고 있으며, 지방지역 도로의 선형과 횡단면 특성은 대부분 선형분리로 충분한 녹지를 확보하였고 안전시설, 표지판 등 도로시설물을 최소한으로 설치하여 도로 이용자의 편안한 시야를 확보하고 자연스러운 경관을 유지하고 있다.

　평면 및 종단선형의 자연스러운 조합을 통하여 주행성과 쾌적성을 유지하여 전방의 시인성과 주행안전성을 확보하고 있으며, 긴 오르막 또는 내리막 종단선형이 적용된 구간은 전후구간에 종단경사 변화구간을 삽입하여 안전성과 주행성을 향상시키고 있다. 왕복2차로 구간은 2+1차로가 부분적으로 운영되고 있으며, 추월차로 설치 시에는 주행차량을 외측차로로 유도하고 추월차량이 1차로로 진입하도록 하여 고속차량의 자연스러운 추월을 유도하고 있는 것이 특징이다.

　특히, 멜버른 주변 도로는 도시 특성상 방음시설을 설치한 사례가 많으며 지그재그 형태와 녹지 도입, 칼라 투명방음벽 등 다양한 디자인을 반영하고 있으며, 수직형태가 아닌 바깥쪽으로 경사진 형태를 이룬 것이 특징이었으며, 깎기부와 쌓기부는 완만한 비탈면 경사를 조성하여 충분한 식재를 반영하거나 가능한 기존의 수림을 보존하여 자연스러운 경관을 유지하고 있

■ 오페라하우스에서 바라본 하버브리지　■ 시내에서 바라본 하버브리지

■ A1 Princess Highway　■ M80 고속도로, 멜버른 서부순환도로

으며, 고사목은 존치하여 자연의 일부로 조화로움을 나타내고 있어 관점에 따라서는 조형물 형태를 보여주기도 하였는데 이 모든 것이 자연에 부담을 주지 않고 자연의 일부가 되어 자연을 잠시 빌려 쓴다는 사상이 묻어나는 것을 알 수 있으며, 호주사람들에게 자연의 한 부분으로 존재하는 도로의 개념과 가치를 엿볼 수 있었다.

시드니의 하버브리지와 체험 프로그램

시드니의 하버브리지 Harbor Bridge는 오페라하우스와 함께 시드니를 대표하는 랜드마크로 자리 잡고 있다. 중로中路 트러스 싱글아치 single arch형 교량 중에서는 세계에서 두 번째로 긴 교량으로 시드니항의 상징이며 전체 길이는 1,149m이다.

▌오페라하우스와 하버브리지 전경

 이 교량은 1923년, 착공하여 8년이 넘는 공사 끝에 1932년에 개통되었다. 1988년, 건설에 투입된 빚을 청산하였지만 교량의 유지보수와 교통을 분산시키기 위해 건설한 해저터널의 건설과 유지비용 충당을 위해 여전히 통행료를 징수하고 있는데 대공황 기간에 진행된 대규모 토목공사는 해마다 1,500명 이상의 고용이 이루어졌으며, 노동자 계층을 대공황으로부터 구제하였다는 측면에서 큰 의미를 가지고 있다.

 최근 시드니 하버브리지는 경관시설물을 생활 속에 끌어들이는 취지에서 'For the Climb of Your Life!' 슬로건으로 거대한 상징적인 교량시설물을

▌시드니 하버브리지 클라임

▌시드니 하버브리지에서의 아침식사

호주의 그레이트 오션 로드와 그랜드 퍼시픽 드라이브

적극 활용하여 발상의 전환을 통해 위험요소를 이색적인 체험으로 승화시키고 있다. '하버브리지 클라임 Harbor Bridge Climb'은 12~14명의 소규모 인원이 134m의 하버브리지 정상까지 올라가는 체험투어로 자칫 단조로울 수 있는 프로그램에 경관의 아름다움을 적극 활용하여 루트별 코스와 시간대별 코스를 제공하여 경험을 차별화시켜 시드니의 대표적 관광프로그램으로 자리매김하고 있다.

'하버브리지에서의 아침식사 Breakfast on the Bridge' 프로그램은 시드니에서 음악, 예술, 피크닉을 테마로 1달간 개최하는 이벤트로 시드니 곳곳에서 행사가 펼쳐지는 크레이브 시드니 Crave Sydney의 일환으로 하버브리지에서 아침식사를 하는 이벤트를 2009년 첫 개최 이후 매년 개최하고, 2012년에는 '본다이에서 아침식사 Breakfast on BONDI'로 개최하고 있는데 길이 1km에 달하는 구간에 인조잔디를 깔고, 새벽 3시에서 오후 1시까지 차량을 전면 통제하여 행사를 진행한다.

우리나라의 대전 갑천대교 위에서도 와인파티 등을 개최하여 SOC 시설물을 생활 속으로 끌어들인 사례가 있었지만 1회성으로 그치고 말아, 많은 예산을 들여 건설한 대형 시설물이 국민들에게 친근함을 주는 생동하는 경관시설물로 자리 잡지 못하고 방치되고 있어 아쉬움이 남는다.

- 2014. 8. -

미국 서부지역의 도시교통환경 둘러보기

샌프란시스코의 교통환경

SFMTA (San Francisco's Municipal Transportation Agency)

SFMTA는 미국 캘리포니아 주 샌프란시스코의 교통국으로 도로교통 분야 전문가들이 모여 있는 기관이다. 우리 일행은 UC Davis의 김창모 박사와 함께 SFMTA를 방문하여 현황을 듣고 토론하는 기회를 가졌다.

샌프란시스코는 전체 교통 중 현재 60% 이상의 높은 자동차 이용률과 각각 20% 미만의 대중교통, 보행자교통, 10% 미만의 자전거 이용률을 나타내고 있으며, 2030년까지 자동차 이용률을 30% 수준으로 낮추어 대중교통과 비슷한 이용률을 확보하는 것을 목표로 하고 있었다. 또한, 10% 미만에 머무르고 있는 자전거 이용률을 20% 수준으로 끌어올려 시민들이 친환경적이고 대중적이며 안전한 교통수단을 이용하도록 하고 전반적으로 속도 저감, 통과교통량 감소, 운전자의 선진운전문화 의식 함양을 통해 교통정온화를 실현하는 것을 목표로 하고 있었다.

교통정온화사업의 신청은 주민 누구나 20명 이상의 동의를 받으면 신청이 가능하고 교통정온화사업 시행 시, 「계획→설계→시공」까지 5년 이상의 기간이 소요되었던 것이 문제가 되어 현재는 1년 안에 「계획→설계→시공」을 완료할 수 있도록 관련 절차를 개정 중에 있으며, 교통정온화기법을 적용하기 이전에 교통량, 차로 수, 도로선형, 시거, 경사도, 도로기능, 버스·응급차량의 경로, 자전거도로 등을 고려하여 적용하도록 하고 있다.

교통정온화기법으로서는 회전교차로 roundabout보다는 토지이용이나 비용에서 유리한 원형교통섬 traffic circle을 선호하고 있으며, 샌프란시스코에서는 1999년부터 시작한 Road Diet를 통해 속도 저감을 위한 차로 폭 축소, 좌회전 공용차선, 자전거도로로 적극 활용하고 있는데, 특이한 교통정온화기법으로는 제한속도 13mph를 기준으로 신호를 연동하여 여러 교차로를 통과하는 차량이 자연스럽게 저속운행을 하도록 유도하는 방법을 적용하고 있는 것이다.

▍샌프란시스코 교통국(SFMTA) 방문

Octavia Boulevard (Market & Octavia Area Plan)

Central Freeway에서 샌프란시스코 시내로 접속하는 Octavia Boulevard는 2007년 시행한 Market and Octavia Better Neighborhood Plan의 한 구간으로 Octavia Boulevard는 측도를 설치하여 주차공간, 우회전차량, 자전거도로로 활용하고 있으며 과속방지턱bump을 설치하고 제한속도를 15mph로 지정하는 등 교통정온화를 꾀하고, 본선과 측도 사이의 완충지대와 중앙분리대에도 풍부한 교목식재를 통해 친환경도로를 구현하고 있다.

▎Octavia Boulevard 전경

Mission District Streetscape Plan

샌프란시스코 교통국은 주거지와 상가가 혼재한 Mission District 지역에 도로경관, 도로다이어트, 교통정온화를 계획하여 일부 도로에 시행하였으며, 15번가는 South Van Ness Ave.에서 Mission Street까지 두 블록에 걸쳐 2012년 10월에 도로다이어트를 실시하였다.

도로의 가장자리는 주차공간을 확보하고, 차선도색을 통하여 시각적으로 차로 폭을 좁아 보이도록 하여 차량의 감속을 유도하였으며, 보도확장 bulb out을 통해 가각부에서 차량감속, 보행자 횡단거리를 최소로 하는 등 교통정온화를 시행하였다.

▎15번가의 Road Diet

▎Bryant Street의 Road Diet

　Bryant St.의 23rd Street와 Cesar Chavez Street 사이 구간과 15번가와 19번가 사이의 Valencia Street는 기존 왕복 4차로에서 왕복 2차로 도로다이어트를 실시하였으며, 도로 가장자리는 자동차와 오토바이의 주차공간, 자전거 보관소, 자전거도로를 설치하였고, 보도를 확장하여 테이블과 의자 등 보행자를 위한 시설물을 설치하여 보행자 위주의 공간을 조성하였다.

Bernal Heights

　샌프란시스코 교통정온화 프로그램의 일환으로 시행된 Bernal Heights Traffic Calming Project는 Neighborhood's Street Network에 있어서 차량에 대한 영향을 최소로 하는 반면, 보행자와 자전거의 안전을 향상시키는 것을 목적으로 하고 있으며, 샌프란시스코의 대표적인 교통정온화사업 시행 지역이지만 기존계획과 달리 교통정온화기법 미설치 구간이 많으며 보도확장, 과속방지턱 speed hump, 보행섬 식 횡단보도 등 단조로운 기법을 적용하였다.

▎Bernal Heights의 Traffic Calming

Lombard Street

Lombard Street는 서부개척시대 Gold Rush에 이곳에 자리했던 러시아인 모피거래상들과 선원들의 묘지에서 유래되어 붙여진 러시안 힐에서 시작되는 'Z'모양의 언덕꽃길로서 5m 간격을 두고 굽이굽이 급경사가 이어지는 꽃길로 세계에서 가장 굴곡이 심한 도로, The Crookedest Street in the World로 알려져 있는 곳이다.

샌프란시스코는 경사가 심한 지형특성을 지니고 있는데 Lombard Street 역시 노브힐 급경사 구간의 차량 통행속도 제어를 위해 1920년에 시케인 chicane기법을 적용하여 설계하였으며, 거리의 끝에서 보면 화단의 꽃과 하늘의 조화가 인상파 화가의 작품처럼 아름다워 샌프란시스코의 대표적인 View Point로 자리 잡았다.

▮Lombard Street의 Traffic Calming

John F. Kennedy Drive Separated Bike ways

골든게이트 브릿지 부근에 있는 골든게이트 공원 Golden Gate Park의 동서를 연결하는 John F. Kennedy Drive는 2012년 SFMTA에서 최초로 주차, 자전거, 보행자가 분리된 도로를 구현한 것으로 이 프로젝트는 자전거 이용자, 보행자가 모두 안전하게 John F. Kennedy Drive에 접근할 수 있도록 하는 것을 목적으로 시행되었으며, 자동차, 자전거, 보행자를 분리하여 교통의 안전성을 확보하였고 주차공간을 엇갈리게 배치하여 시케인 효과를 적용하였다.

▌John F. Kennedy Drive Separated Bike ways - Separated Road

캘리포니아의 북부도시 레딩 *Redding*

레딩은 캘리포니아 주 북부 샤스타 카운티의 중심도시로 2004년 터틀 베이 Turtle Bay에 건설한 선다이얼 브릿지 Sundial Bridge와 공원 내에 박물관이 있는 터틀베이 학습공원을 찾는 관광객이 많으며, 선다이얼 브릿지는 레딩에서 새크라멘토 강을 건너는 보도교로 스페인의 세계적인 Bridge Designer인 Santiago Calatrava Valls가 설계한 작품으로 바닥이 유리로 되어 있으며 레딩의 대표적인 상징물로 자리 잡고 있는 아름다운 교량으로 건설비용이 2,400만 USD, 연장 720피트, 폭원 23피트, 교량의 총 중량이 1,600 ton으로 코끼리 400마리의 무게와 같다고 한다.

▌Sundial Bridge - Pedestrian Bridge

레딩은 북부 캘리포니아의 보석이란 별칭으로도 불리며, 1950년대부터 발달한 목재산업이 중심산업이고 1990년대 이후에는 저렴하고 조용한 거주지를 찾는 은퇴인구가 늘고 있는 지역으로, 여기서 우리 일행은 한국전쟁 참전용사를 뜻밖에 만나 반갑고 고마운 마음을 정중하게 전했다.

오레곤의 중심도시 포틀랜드 *Portland*

North Ida Avenue

North Ida 지역은 포틀랜드 북부의 주거지역으로 1987년 주민들의 요구에 의해 교통정온화사업을 시행하여 1995년에 준공 되었다. North Ida 지역의 통과도로는 차도, 자전거도로, 보도, 주차장을 구분하여 정비되어 있으며 시케인, 과속방지턱, 보도확장 등의 교통정온화기법을 적용하여 보행자의 안전을 보호하고 있다.

▎North Ida Ave. 내부도로의 Traffic Calming

▎North Ida Ave. 교차로 접근부의 Traffic Calming
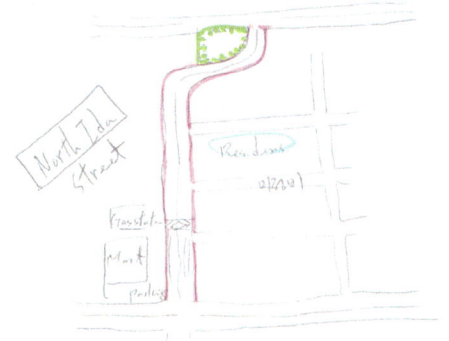

주거지역 내부의 도로는 정비되어 있지 않으나 지역 전체에 도로변 생태저류공간을 설치하여 친환경성을 확보하고 있으며, 교차로 진입부는 곡선선형을 구성하여 잉여공간에 녹지를 설치하고 교차로 진입 시 차량이 저속으로 접근하도록 하였다.

Neighborhood Green ways

Neighborhood Green ways Project는 포틀랜드 교통국(PBOT, Portland Bureau of Transportation)에서 포틀랜드 주거지역 도로의 통행차량에 대해 속도 저감 과 통행량을 억제시키고, 자전거 이용자와 보행자를 우선순위로 하여 안전성을 확보하기 위해 시작한 프로젝트이다.

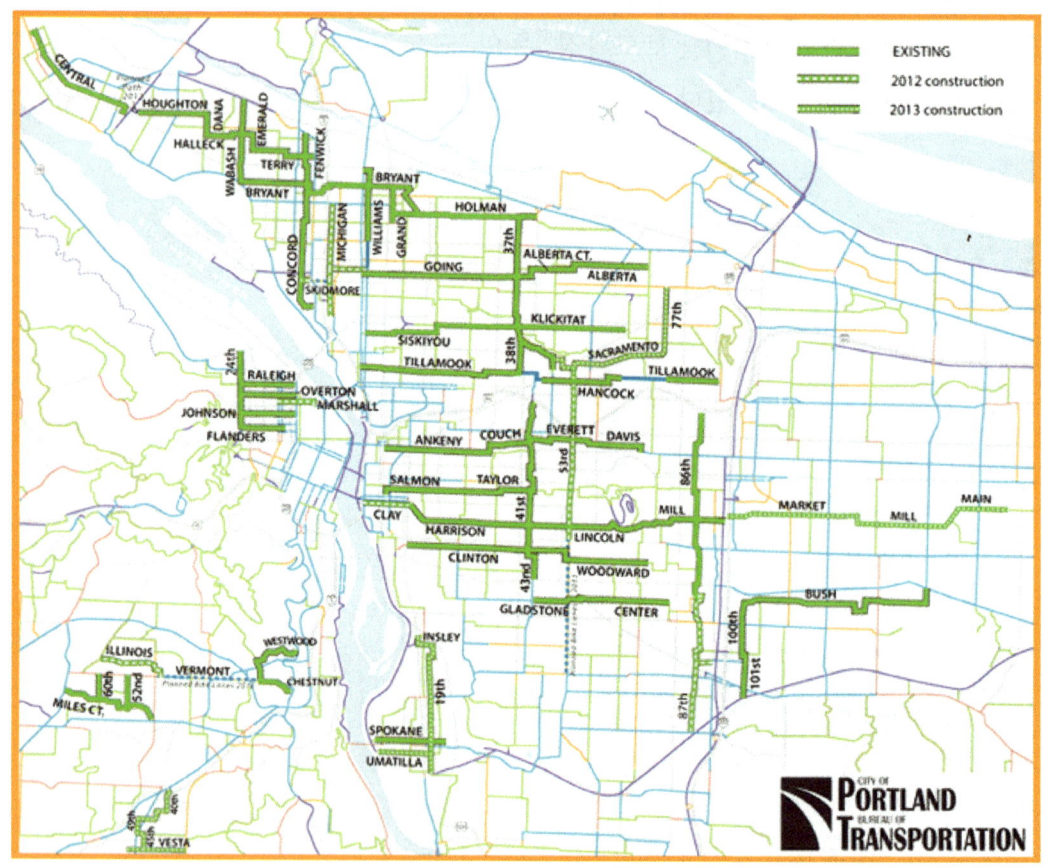

▮Neighborhood Green ways Project

Neighborhood Green ways 대상구간 중 사업이 완료된 지역인 N Houghton Street, N Bryandt St., NE Going St., NE Tillamook St., SE Harrison St., SE Lincoln Street를 중심으로 현장조사를 진행하였으며, 사업대상 구간 내 제한속도는 20mph로 과속방지턱, 엇갈림 교차로, 교차로 통행차단(직진 차단, 대각선 차단), 원형교통섬 traffic circle, 차로 폭 좁힘 choker 등 다양한 기법을 적용하고 있으며 도로변 생태저류공간을 설치하거나 아름답고 풍부한 식재를 통하여 친환경 도로를 구현하고 있는 것이 인상적이었다.

▎Neighborhood Green ways – Traffic Calming

지속가능한 친환경도시 시애틀 *Seattle*

시애틀은 육지 깊숙이 들어온 퓨젓만에 면하여 있는 바다와 숲에 둘러싸인 아름다운 도시로 에메랄드 시티라 불리기도 한다. 생활수준이 높고 문화적으로도 풍요로운 도시로 글로벌 커피체인점 스타벅스 1호점이 있으며, 세계적인 초일류기업 마이크로소프트사와 항공기 산업의 전설인 보잉사가 자리 잡고 있는 친환경도시로서 주민들의 자부심이 매우 높다.

High Point Natural Drainage System (LID, Low Impact Development)

웨스트 시애틀에 있는 하이 포인트 지역의 재개발사업은 시애틀 공공시설(SPU)에 도시환경에 있어서 대규모 자연배수시스템을 구현할 수 있는 독특한 기회를 제공하였으며, 고밀도 도시환경에서 적용된 최초 사례이다.

시애틀 주택당국과 파트너십으로 설계되었으며 시애틀의 우선순위 사업 중 하나로서 자연배수시스템은 롱펠로우로 유입되는 유역의 약 10%를 처리하고 있는데 하이 포인트의 자연배수시스템은 우수의 자연스런 저류와 여과를 위한 습지, 우수의 월류를 방지하기 위한 경관연못, 소류지 등을 설치하여 다양한 방법으로 자연을 모방하고 있으며 원형교통섬 등의 설치를 통해 교통정온화를 시행하였으며, 하이 포인트는 지역이나 전국에 걸쳐 다른 대규모 개발을 위한 모범적인 사례의 모델로 꼽히고 있다.

▋High Point Natural Drainage System – LID/Traffic Calming

Bellevue

Bellevue는 Seattle East Side의 최대 규모인 도시로서 Seattle과는 워싱턴호 Lake Washington를 사이에 두고 떨어져 있으며, 1990년 마이크로소프트사가 Redmond로 본사를 옮긴 후 첨단산업의 중심지로 발전하고 있는 시애틀의 대표적인 신도시 지역이다.

Bellevue의 Residential Area에는 차로폭 좁힘, 과속방지턱, 원형교통섬, 고원식교차로 raised crosswalk, 쿨데삭 cul-de-sac 등 다양한 교통정온화기법과 LID기법이 적용되어 교통정온화기법 적용사례의 교과서로 꼽힐 정도이며, 정온화 된 주거환경은 풍부하게 조성한 녹지환경과 어우러져 풍요로운 삶의 질을 향상시키는 공간으로 자리 잡고 있다.

▍Bellevue - Traffic Calming/LID

Stevens

1971년 Stevens지역에 교통정온화 시범사업을 시행하면서 설치된 교차로 차단의 불편함을 해소하기 위하여 주민의 요구에 따라 임시로 편방향 교차로 차단과 원형교통섬을 설치한 것이 원형교통섬의 기원이 되었다. 1973년 영구적인 원형교통섬이 설치되었으며, 그 효과로 내부교통량이 56% 감소하였고 평균 12건의 교통사고건수는 시범사업 시행 2년이 지난 후 0건으로 감소하는 효과를 나타내었다. Stevens지역은 원형교통섬과 교차로 차단 위주의 교통정온화기법이 적용되어 있는 것이 특징이다.

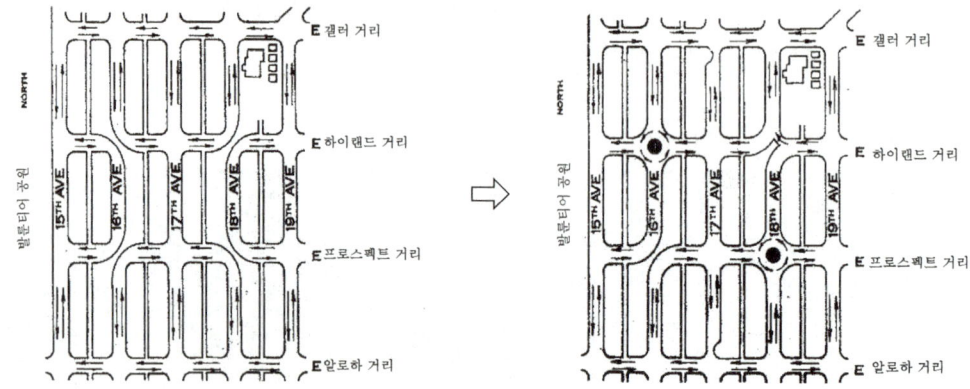

▌1971년 Stevens지역 원형교통섬 Traffic Circle 설치 계획

▌Stevens - Traffic Calming

SEA Street (Street Edge Alternatives)

Northwest Seattle에 있는 'Natural Drainage Systems(NDS)' 프로젝트의 적용사례로 시애틀에서 처음으로 적용한 NDS 프로젝트인 프로토 타입 프로젝트로 독특한 배수 및 가로 디자인의 모범사례를 보여주고 있는데, 이 구간은 시케인 기법(굴곡도로)을 적용한 교통정온화와 LID기법의 조화가 이루어진 사업구간으로 지속가능한 친환경 생활환경 조성의 대표적인 사례로 배수, 수질, 경관, 이동성 확보 등 다양한 혜택을 누릴 수 있다.

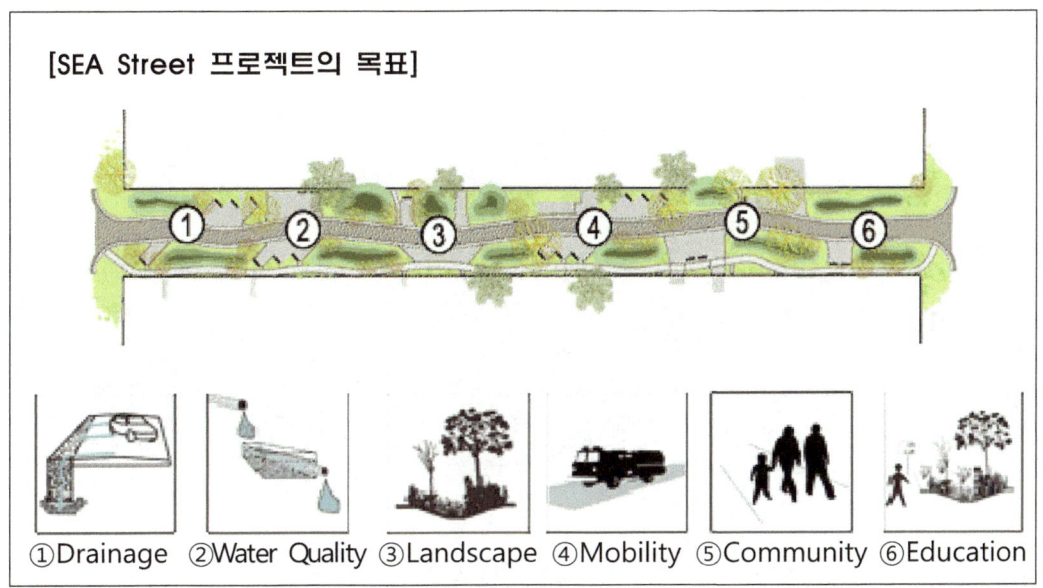

▌Broad view - Traffic Calming/LID

맺음말

　미국은 친환경에 대한 인식이 오래전부터 자리 잡은 나라이며, 우리나라와 달리 토지이용 밀도가 높지 않아 풍부한 녹지 조성을 통한 LID기법 적용과 친환경, 교통정온화를 실현하고 있는 것이 특징적으로 눈에 띄었다.

　샌프란시스코의 경우 많은 교통량과 보행량에도 불구하고 도심지 일부를 제외한 주거지역은 비신호 교차로로 운영하고 있는데, 이것은 보행자와 자전거 이용자의 안전이 자동차의 통행보다 중요함을 인식하고 있는 인간중심의 선진운전 의식을 바탕으로 하고 있어서 가능한 것으로 사료된다.

▌I-5 인터스테이트 하이웨이　　▌시애틀 하이 포인트 지역

▌골든게이트 파크 과학학술관의 옥상녹화

대도시인 샌프란시스코는 정책적으로 승용차의 이용률을 떨어뜨리고 대중교통과 자전거 이용률을 높이고자 자동차전용도로를 제외한 대부분의 구간에 자전거 도로를 설치하고 운영 중에 있으며, 운전자는 의무적으로 자전거 이용자를 보호하도록 하고 있다. 그리고 속도저감을 통한 교통정온화도 중요하지만 도로다이어트를 통해 도로용량을 조절하여 교통량을 감소시키고 자전거도로와 녹지대를 설치하여 도로이용자에게 편안함과 안락감을 제공하고 있으며, 좌회전차로는 대부분 공용차로 shared left turn lane로 운영되고 있는 것이 인상적이었다.

포틀랜드와 시애틀은 규모가 큰 회전교차로보다 식재가 가능하고 국지도로와 생활도로에서 운영하기에 적합한 소규모인 원형교통섬을 다수 설치하여 운영 중에 있으며, 도로변에 LID기법을 적극적으로 적용하여 물 관리 및 물 순환의 효율성과 친환경성을 강조하고 있었다.

국지도로 및 생활도로에서는 운전자가 스스로 보행자 및 자전거이용자를 보호하도록 운전자가 인식하고 있어 강력한 물리적, 제도적 기법의 적용보다 친환경성을 강조한 교통정온화기법을 적용하고, 국지도로와 집산도로뿐만 아니라 보행자와 자전거이용자의 보호가 요구되는 곳에는 도로 전반에 걸쳐 교통정온화를 적용하고 있는 것은 아직도 이면도로 위주의 단편적인 기법의 적용에 그치고 있는 우리나라에서 적극적으로 벤치마킹해야 할 부분이라 판단된다.

- 2013. 6. -

독일의 생활도로, 본 슈트라세와 교통환경

제6차 보행자 및 비상시 대피행태연구 국제컨퍼런스

본 컨퍼런스는 2012년6월6일~8일까지 스위스 취리히 취리히공과대학(ETH)에서 개최되었으며, 2001년 독일 뒤스부르크에서 처음 개최된 후 영국 그리니치(2003), 오스트리아 비엔나(2005), 독일 뷔페르탈(2008), 미국 게티즈버그(2010) 등에서 격년마다 개최되고 있으며, 주로 유럽대륙 국가들에서 활발하게 관련연구가 진행되고 있는 분야로 2012년 컨퍼런스에는 300여 명이 참가하였다.

매일 오전 9시부터 주요인사의 Keynote 강연과 10시부터 오후 1시까지의 발표세션, 점심시간 이후의 Keynote 강연, 이후 오후 6시까지 Session별, 테마별 발표가 A, B, C강의실로 구성되어 관심있는 주제별로 참석할 수 있었으나 전반적으로 꽉 짜여진 수업시간 분위기였다.

주요주제는 화재, 재난발생시 군중들의 대피행태에 대한 모델링, 보행자 행동에 대한 실험, 보행자들의 이동특성, 대규모 집회·공연 시 군중들의 행태분석, 장애인의 교통수단선택에 대한 시뮬레이션 등이 있었다. 컨퍼런스가 열린 취리히공과대학 Swiss Federal Institute of Technology Zurich의 신캠

퍼스는 번잡하지 않고 차분한 분위기, 5~6층의 높지 않은 건물, 실습을 중시하는 강의실 분위기 등을 느낄 수 있었다.

┃포스터 세션과 취리히 공과대학 전경

스위스 취리히의 가로망

취리히는 스위스에서 인구가 가장 많고 국제금융업과 상공업이 가장 발달한 도시로 교통의 요충지이며 기차, 트램, 버스가 주요 교통수단을 이루고

┃가로변 생태저류공간

있으며, 취리히공대는 중앙역 부근에 있었으나 부지의 협소로 시내에서 15분 정도 떨어진 지역에 조성된 신캠퍼스를 대부분이 사용하고 있었다.

시내의 가로망에는 친환경을 고려하여 가로변 건물 주변에 빗물이 땅속으로 스며들 수 있도록 LID (Low Impact Development)기법을 적용한 생태저류공간 eco storage을 확보하고 철로변 공장지대를 도시재생차원에서 생태공원으로 조성한 점이 눈에 띄었다.

독일의 생활도로, 본 슈트라세와 교통환경 **179**

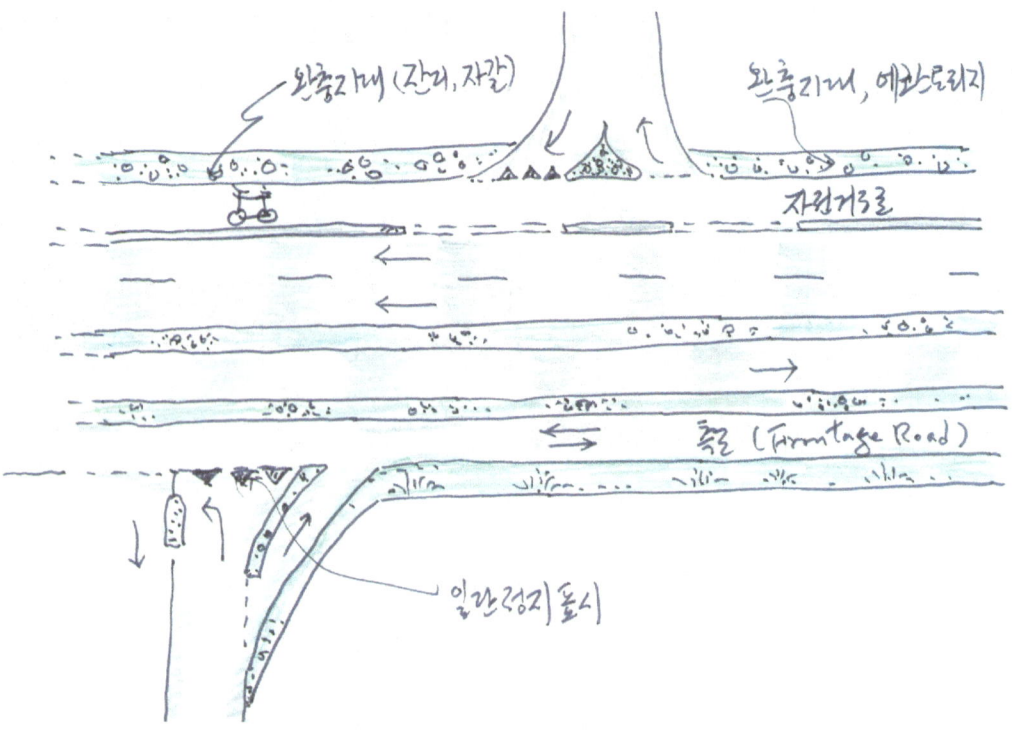

▎일반도로 구간에서 측도와 완충지대

고속도로의 중앙분리대는 개방감을 최대한 확보하고 낮은 높이의 Barrier와 녹지를 도입하여 주행 시 심리적 압박감을 완화하는 관점을 고려하였으며, 일반도로 구간에서는 연도의 대지와 도로공간 사이에 반드시 완충지대를 설치하고 측도와 일단정지표시를 시각적으로 인식되도록 하였다.

독일의 환경수도 프라이부르크 *Freiburg*

독일의 환경수도로 알려진 프라이부르크 중심부는 보행자의 천국이며, 자동차의 속도를 30km/h로 제한하는 'Zone 30'을 실시하고 있으며 대중교통을 이용하거나 자전거를 타는 것이 편리하도록 하여, 도심에서는 자동차를 타고 가는 것이 오히려 불편하도록 시스템을 구축하고 있었다.

시속 50km 내외로 달리는 시내의 노면전차 트램도 소음을 줄이기 위해

▌프라이부르크의 친환경 물길과 자전거 주차장

레일의 이음대를 없애고 차량바퀴도 금속이 아닌 고무타이어를 사용하며 주택가 인근 선로에는 잔디 등 풀과 꽃을 심어 소음을 흡수하고 있었다.

파크앤라이드 Park & Ride 시스템, 바이크앤라이드 Bike & Ride 시스템을 구축하여 환경에 부담을 주지 않는 Eco Traffic을 실천하고 있으며, 시내가로에는 물길을 조성하여 친수환경이 확보되도록 하였으며 프라이부르크 중앙역 부근에 자전거 주차장인 모빌레 mobile를 설치하여 자전거 주차장, 자전거클럽, 판매점, 자전거여행 안내소, 수리점 등 관련시설이 들어서 있는 것이 합리적이고 인상적이었다.

삼림욕의 발상지 흑림 속 도시, 푸르트방겐 *Furtwangen*

독일이 남서부지역에 수백 년 전에 조성한 인공조림지인 검은 숲 슈바르츠발트 Schwarzwald는 삼림욕의 발상지로 알려져 있으며 삼림을 모범적으로 가꾸는 독일인의 자부심을 대표하고 있다. 슈바르츠발트의 중심에 있는 푸르트방겐에는 최근 보차공존구간과 'Zone 30'을 철저하게 반영하여 시내 중심상가, 주거지역에는 네덜란드의 본엘프에 대응하는 보차공존구간 Mischflachen을 설정하고, 나머지 구간에는 'Zone 30'을 설정하여 시가지구간에서 철저한 교통정온화를 적용하고 있다.

이 지역은 옛날부터 삼림자원이 풍부한 곳으로 목재를 이용하여 제작한 목공예품과 소리 내는 뻐꾸기시계가 유명한데, 수백 년을 전통산업으로 이어온 시계들은 '시계박물관'에서 유럽전역에서 수집한 16~19세기의 시계들과 함께 전시되고 있어 독일 전역에서 찾아오는 관람객들의 발길이 계속 이어지고 있다.

▌푸르트방겐의 보차공존구간과 Zone30

▌슈바르츠발트의 도로

계속해서 북쪽으로 달리는 아우토반에는 중앙분리대 폭원을 충분히 확보하여 지방부지역에서는 가장자리에 가드레일을 설치한 녹지중앙분리대를 조성하였으며, Service Area, Rest Area가 아닌 고속도로 운전자들이 잠시 쉬면서 졸음을 피해갈 수 있는 '졸음쉼터'를 군데군데 조성하여 안전사고 예방을 철저히 하고 있는 것이 인상적이었으며, 최근 우리나라에서 조성되기 시작한 고속도로 상의 단순한 졸음쉼터와 대비가 되었다.

▌A81 아우토반과 졸음쉼터

로만티크 가도의 시작점, 뷔르츠부르크 Würzburg

독일에는 멋진 길을 자연환경과 역사문화유산 등 주제에 따라 로만티크 가도, 괴테 가도, 고성 가도, 메르헨 가도 등으로 구분하여 관심 있는 주제에 따른 여행이 활성화되어 있는데, 로만티크 가도가 시작되는 도시인 뷔르츠부르크는 기원전 1000년 경에 켈트인이 살았다는 고도로서 마인강 Main의 알테마인교 Alte Main brüke와 주변 경관이 뛰어나고, 시내에는 보차공존구간, 'Zone 30'을 설정하여 교통정온화를 철저하게 유지하고 있다.

뷔르츠부르크는 프랑켄 와인의 주요 생산지라 그런지 알테마인교 위에서 와인을 한 잔에 0.5유로씩 판매하고 있어 모여든 관광객, 주민들의 인기를 끌고 있다. 특히, 인상적인 것은 유네스코 세계문화유산에 등록되어 있는 바로크 건축의 걸작인 궁전 '레지덴츠'는 세계 최대의 천장 프레스코인 하

▍뷔르츠부르크의 시내가로

늘에서 춤추는 신들과 4대륙을 인격화한 여신의 모습이 그려져 있어 순간적으로 압도되는 기분이 전해진다.

괴테 가도의 고도古都 풀다Fulda와 메르헨가도

풀다는 독일 중앙에 있는 고도古都로 9세기 건축된 도시의 상징인 대성당, 오랑제리궁전, 풀다성이 화려한 모습을 뽐내고 있으며, 도시 내에는 버스환승정류장과 일부구간에 'Zone 10'이 설치되어 있으며 종교적으로 많은 성인을 배출하고 있는 유서 깊은 지역임을 알 수 있었다.

▍Zone10과 버스환승정류장

프랑크푸르트의 하나우 Hanau를 기점으로 하멜른을 거쳐 '브레멘음악대'로 유명한 브레멘까지 약 600㎞가 메르헨 가도로 이 가도는 그림형제의 발

▎메르헨 가도

자취를 더듬으면서 동화 속 메르헨 무대를 둘러보는 것이 포인트이다.

 메르헨 가도는 그야말로 우리나라의 전형적인 지방부 2차로 도로와 같은 느낌을 준다. 불필요한 시설물이 없는 편안한 분위기에다 풍성한 가로수, 군데군데 모여 있는 주거지역은 우리나라 면 소재지를 통과하는 느낌을 주지만 깨끗하고 정결한 삶의 모습은 부러움을 자아내게 하였다.

피리 부는 사나이의 전설, 하멜른 *Hameln*

 '피리 부는 사나이'의 전설로 유명한 도시 하멜른은 '베저 르네상스' 양식의 다양한 문양과 문자로 장식된 목재 대들보와 바람벽, 밖으로 내민 창문이 있는 14~17세기 아름다운 집들이 구시가지에 보존되고 있어 아주 인상적이었으며, 구시가지 구간은 철저한 교통정온화기법을 적용하여 보차공존 구간을 조성하였으며, 시케인, Fort, 초커, 라운드어바웃, 석재포장 등의 관련기법이 주변 도시경관과 조화되어 있다.

 중세의 하멜른은 제분소가 많아서 쥐의 피해가 대단하여 이러한 연유로 '피리 부는 사나이'의 전설이 생겨났다고 한다. 예전에는 마을에 심한 피해를 주었던 쥐가 지금은 쥐 모양의 건빵, 인형 등 여러 가지 상품으로 변신하여 하멜른의 관광상품으로 효자노릇을 하고 있어 역사의 아이러니를 느꼈다.

 구시가지의 수백 년 동안 유지하고 있는 전통적인 모습을 돌아보고 다다른 '피리 부는 사나이의 집'은 1600년 초에 건립한 르네상스 양식의 건물로 지금의 레스토랑에서는 가늘게 썬 돼지고기를 쥐꼬리 모양으로 만든 '쥐의 꼬리' 요리가 유명하고 건물 옆의 Bungelosen Str.는 전설에서 피리 부는 사나이가 쥐 퇴치에 대한 약속을 지키지 않았던 하멜른 시민들의 아이들을 데리고 사라졌던 길로 지금도 음악이나 춤이 금지되어 있다고 하니, 전통을 소중히 여기는 그들의 의식을 다시금 인식하게 하였다.

▌하멜른 구시가지의 보차공존 구간

봄트 Bohmte - Shared Space 기법의 적용

독일 북부지방 하노버 서쪽에 위치한 인구 15,000여명의 소도시 봄트는 외곽에 국도51호선, 65호선이 통과하고 있으며, 시가지 내 통과도로에 대한 '교통정온화시설'의 반영으로 교통사고 발생을 줄이고 있는 것이 돋보이는 지역이다.

도시 내 주택가 가로망에 Traffic Calming 기법을 적극적으로 활용한 보차공존 구간을 확보하였으며, Bohmte시 북쪽 3지교차로에 'Euro Project'인 차량, 자전거, 보행자가 공존하는 'Shared Space'기법을 적용하여 회전교차로를 계획하였는데 이후로 봄트 시가지 구간에서 트럭 등 화물차에 의한 교통사고가 발생하지 않고 도로안전이 확보되었다는 설명을 들었다.

┃Shared Space 기법　　　　　　　┃주택가의 교통정온화 기법

맺음말

 일주일에 걸쳐 국제컨퍼런스 참가와 스위스와 독일의 도시지역을 돌아본 결과, 스위스 취리히는 비교적 밀도가 높은 지역으로 시내 전구간에 철도, 트램, 버스 등 대중교통시설 중심의 교통체계가 자리 잡고 있으며, 가로주변에는 강우의 지반 내 침투를 고려한 생태저류시설이 확충되어 있고 전체적으로 친환경, 생태환경이 조성되어 있는 것이 특징이었다.

 한편, 독일에서는 주거지역 내에서 빈발하는 교통사고를 방지하기 위해 교통억제대책을 수립하고 도로망의 체계로부터 세부적인 구획도로 공간의 설계까지를 포함하여 체계적인 계획이 수립되어 있었으며, 주거지구 내에 있는 도로를 '생활도로, 본 슈트라세'라 하여 이 지구 내에서는 교통규제나 인지적 차원이 아닌 물리적 시설로서 교통환경을 개선하고 있으며, 이와 같은 목적을 달성하기 위해서 '도로망의 변경, 도로공간의 개조, 생활공간으로서의 도로환경정비' 등 세 가지 대책을 적극 반영하고 있다.

 네덜란드의 본엘프 Woonerf에 대응하는 것으로 '보차공존구간'을 설정하여, 연도주민의 자동차교통만 통행하고 외부 자동차교통이 진입하지 못하도록 차로 폭을 줄이고 30~40m간격으로 완충시설, 과속방지시설 Hump 등을 설치하였으며 출입구에 '보차공존구간' 안내표시판을 세워 이 지역을 진입하는 차량운전자, 보행자들이 인식하도록 하였다.

▋하이델베르크의 보행전용구역과 보차공존구간

　도시구간의 생활도로에는 '보차공존구간'과 'Zone 30'을 전반적으로 적용하고 있으며, 시가화구간의 통과도로에도 교통정온화기법을 적극적으로 도입하여 생활도로뿐만 아니라 집산도로, 보조간선도로에도 적용하고 있는 점은 우리나라에서도 벤치마킹 할 필요성이 있는 것으로 판단되었다.

▋슈투트가르트의 보행우선구역과 공공디자인

　또한, 그들의 조상들이 살아왔던 전통적인 모습과 삶의 이야기를 존중하고 지켜오는 수준 높은 의식과 차량중심의 개념에서 인간중심의 개념이 철저하게 자리 잡으며 생활과 의식 속에 전파된 사회라는 것을 느꼈다.

- 2012. 07. -

독일의 Autobahn을 달리면서 무엇을 느꼈는가?

아우토반 Autobahn을 달리는 도로전문가

아우토반은 어떠한 역사를 가지고 있는가?

독일의 자동차전용 고속도로인 아우토반 Autobahn은 나치 정권에서 '라이히스 아우토반 Reichs Autobahn, 독일제국 자동차도로'란 이름으로 건설에 착수하여 근대적인 자동차도로의 선구가 된 도로이다. 1935년에 프랑크푸르트와 다름슈타트 사이에 첫 구간이 개통되었으며, 시작 당시 총연장 약 14,000km를 목표로 하여, 제2차 세계대전으로 건설이 중단될 때까지 약 3,860km를 완성하였으며, 이후 아우토반 확대 15년 계획(1971~1985)을 수립하여 총연장 약 15,000km에 달하는 아우토반을 건설하여 독일 대부분 지역이 아우토반에서 50km 이내에 위치하도록 하였다.

아우토반의 도로 전체 폭원은 약 20m이고, 중앙에는 4~5m의 녹지 중앙분리대가 도시부 구간을 제외한 대부분의 구간에 설치되어 있으며, 속도제한은 기본적으로 무제한이나 도로 조건과 지역 여건에 따라 적정 속도제한으로 운영되고 있으며 제한속도는 대부분 구간에서 130km/h이고 특별한 구간에서는 120km/h~100km/h로 설정하고 있으며 통행료는 받지 않고 있다.

■ 아우토반 도로선형

아우토반을 둘러본 느낌

프랑크푸르트~쾰른 구간에서 특히, 프랑크푸르트~림부르크 A3 구간의 도로선형은 완만한 곡선의 연속적인 평면선형 및 구릉지 지형에 적합한 종단선형을 구성하고 있어서 도로설계의 교과서적인 형상을 보여주고 있었는데, 아우토반 경관의 주요 포인트는 다음과 같다.

- 큰 곡선반경 위주의 완만한 도로선형과 여유 있는 횡단면
- 차로 폭 3.75m, 녹지중앙분리대 폭 4m, 양면 가드레일 또는 콘크리크 방호벽 중앙에 식재
- 방음둑, 길 어깨, 노변 여유부지 식재
- 근경, 원경과 주변경관의 조화

본선의 좌우측에 방음둑 형식으로 되어 있는 구간이 많아 방음둑으로 주변 경관이 막힌 느낌을 주고 있으나 중간중간 개방된 부분으로 언뜻언뜻 보이는 경관의 제공도 하나의 경관설계기법으로 고려될 수 있다.

아우토반의 휴게시설로는 세 가지 형식이 적절한 간격으로 배치되어 있으며 이들 휴게시설은 모두 표준적인 배치 형식이 적용되고 있다.

- 주유소, 주차장, 식당(내부 화장실 이용료 0.5유로), 휴식시설 등이 완비된 휴게소 service area
- 주차장, 화장실(무료), 휴식시설로 구성된 쉼터 parking area
- 주차장, 휴식시설만 있는 간이쉼터 rest area

■ 도로표지와 휴게소 내에 있는 호텔

　공사구간에서 여러 가지 안전시설을 설치한 것을 제외하고는 아우토반 모든 구간에는 불필요한 시설물이 전혀 없었으며, 단순한 시설과 노변의 울창한 숲으로 경관이 매우 우수하여 도로주행자에게 심리적으로 편안함을 제공하고 있었다.

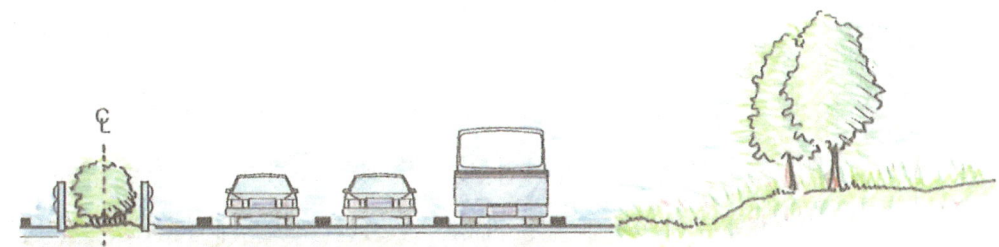

■ 아우토반의 차량주행 상태

　아우토반은 구간에 따라 편도 2차로에서 4차로까지 다양한 횡단구성으로 되어 있으며 소형차는 필요한 구간에서만 제한속도로 운영되고, 특별한 속도제한이 없는 곳에서는 속도 무제한으로 운영되고 있으나, 화물차는 모든 구간에서 100㎞/h 로 운행되고 편도 3차로의 속도 무제한 구간의 경우 3차로는 화물차 주행차로, 2차로는 승용차 주행차로 및 화물차 추월차로, 1차로는 승용차 추월차로 운영되며, 이러한 차로 이용이 철저하게 지켜지고 있다. 2차로를 주행하는 차가 1차로로 추월을 한 후에는 바로 2차로로 복귀하여 또 다른 고속의 추월차가 상시 추월할 수 있도록 하고 있으며, 이와 같은 차로 이용이 법제화되고 생활화됨으로써 속도 무제한이더라도 안전한 주행이 가능하고 도로의 용량증대가 이루어지고 있다.

독일에는 여러 가지 관광 루트로 드라이브 코스가 있는데, 만하임에서 체코 프라하로 연결되는 아우토반 A6(E50)은 '고성가도'로 일컬어지며, 아우토반 주변의 중세에 기사나 귀족이 생활하였던 고성이 많이 남아 있는 지역을 연결하는 역할을 하고 있다. 고성가도古城街道 뿐만 아니라 아우토반 주변의 유적지에 대해서는 IC전방 2km에 갈색의 관광안내 도로표지를 설치하여 안내하고 있다.

아우토반의 도로관리기관과 건설현장

독일 연방정부 산하 도로관리기관

방문기관은 본부를 본에 두고 있는 연방정부 산하의 바덴뷰르템베르크 주 정부 지역 관내 도로관리기관으로 슈투트가르트에 소재하고 있으며, 독일연방정부 산하 16개 주 도로관리기관의 하나로 지자체 도로 이외의 관내 고속도로, 국도, 지방도의 건설 및 관리업무를 수행하고 300여 명이 근무하고 있으며, 도로 및 교통부서 내에 법, 재정, 구조물, 도로계획, 도로운영 및 교통기술, 교통 등의 담당 부서와 북부, 동부, 남부사무소가 있다.

과거에는 건설 사업을 직접 수행하였으나, 현재는 인력 부족으로 많은 분야를 외주로 시행하고 있으며, 계획관련 업무는 주관하여 수행하고 있지만 교량 건설의 경우 10개 사업 중 3개는 직접 수행하고, 7개는 외주 시행하고 있었다.

도로의 경관설계는 도로설계의 한 부분으로 당연히 고려하여 수행하고 있으므로 별도의 고려대상으로 판단하지 않고 있었으며, 구조물 설계 시에는 여러 가지 대안을 설정하여 전문가 검토 등을 거쳐서 형식 결정하고 있으나 건설 시에 현장여건에 따라 일부 변경되기도 한다고 했다.

도시 주변을 통과하는 도로의 경우 지역 환경을 보존하기 위하여 터널로 가는 경우가 많으며, 2006년 스위스의 터널 화재사고 이후에 유럽에서는 터널안전 관련법이 정비되고 기준이 강화되어 시설을 보완해 가는 추세에 있고 400m 이상의 터널에는 대피로를 설치하고 있었다.

■ 슈투트가르트 소재 도로관리기관 방문   ■ 도로건설 현장 답사

슈투트가르트 B14 Ortsumfahrung Winnenden 건설현장

지역도시를 통과하는 국도를 우회시키기 위해 1957년부터 논의되었다가 1999년에 구체화 된 현장으로 5.33㎞에 대한 도로건설이 2009년에 완공 예정으로 있는 본 구간은 시가지 인접통과, 상수원보호구역, 농업용출수, 하천과 철도 통과 등 여러 가지 어려운 조건에서 계획되어 건설하고 있는 현장으로 일교통량은 4만대이고 장래 신설도로가 교통량의 75%를 담당할 것으로 예측하고 있으며, 설계속도는 일반구간 120㎞/h, 터널구간은 100~80㎞/h를 적용하고 있다.

본 구간은 도시지역 통과구간이어서 특별규정을 적용하여, 도로구분 SQ24, 횡단구성은 편도 2차로 7.5m, 길 어깨 2m, 중앙분리대는 3m 폭으로 구성되어 있으며, 본 구간은 지역주민들이 오랫동안 원하였던 사업으로 사전에 주민초청 설명회를 수차례 개최하여 투명성 있게 사업을 추진하고 터널공사 중에는 민원을 고려하여 공사시간의 관리와 무진동 발파 등을 시행하고 있었다.

노선이 상수원보호구역(2종)을 통과하고 있어서 수질오염 대책을 세우고 있으며, 환경을 고려한 설계와 시공으로 도로의 빗물정화시설, 비오톱 biotope 조성, 자연복원 등을 시행하고 있으며, 환경영향평가가 사업시행 이전에 먼저 이루어져 그 결과를 반영하고 있었다.

교량은 5개로 다양한 형태로 구성하고 있으며, 일부 교량에서는 교량난간은 방음을 고려하여 투명 플라스틱판을 사용하고 있으며 투명판 내에는 횡방향으로 다수의 Rubber 선을 삽입하였는데, 이는 파손 시 파편이 흩어지는 것을 막고, 조류 이동 시 새가 투명판에 부딪치지 않고 장애물로 인지할 수 있도록 조류충돌방지를 위한 목적도 있다.

▍도로노면의 비점오염원 정화시설(좌)과 교량의 조망을 고려한 투명형 난간(우)

출장을 마무리 하며

기본적인 구간에서 주행속도 무제한인 독일 아우토반 환경에서 도로경관 설계 현황과 기법을 파악하기 위해서 수행한 고속 환경에 있어서 주행 경험과 아우토반 답사는 많은 시사점과 연구의 관점을 효율적으로 설정할 수 있도록 이끌어 준 과정이었다.

도로의 경관은 도로 외의 자연 또는 인공적인 주변 환경에 의하여 크게 영향을 받으며, 도로시설 관점에서는 다양한 요소가 도로경관에 영향을 주고 이러한 요소들이 운전자의 안전주행과 쾌적성에 영향을 미칠 수 있다.

그러나 고속주행 환경에서는 주로 원경적 요소를 조망하되, 운전자에 근접한 시설의 환경조건이 운전부담에 영향을 미치는 점을 고려하여 도로의 내부경관은 인간공학 측면의 영향과 관련되어 고려되어야 할 것으로 판단되었으며, 이러한 점은 앞으로의 연구과제와 연구방향 설정에 반영되어야 할 것이다.

▎A8구간의 도로현황

우리나라에서 고속도로의 대명사로 미국의 Freeway보다 더 널리 알려진 독일 아우토반이 실제 독일 사람들에게는 우리가 느끼는 것보다는 특별한 사회기반시설로 실감되지 않고 있는 것으로 파악되었다. 그 이유는 우리나라에서는 고속 통행이 가능하며 유료도로로 운영하는 고속도로에 대해서 고속도로 관리기관이 다양한 홍보도 하고 국민들도 일반국도와 달리 특별한 기반시설로 인식하고 있으나, 전국에 걸친 기간도로망인 일반국도는 생활도로로서 특별한 인식의 대상이 되지 않고 있는 것처럼 독일에서는 아우토반이 우리나라 일반국도와 같이 무료로 운영되고 전국에 걸친 광범위한 기간망을 형성하는 생활권의 일부로 인식하고 있기 때문인 것으로 사료되었으며, 그러한 사유에서인지 별도의 자료집도 구할 수 없었다.

독일에서 아우토반이 특별한 대상이 아니라 기본적인 사회기반시설로 받아들여지는 것처럼, 경관 디자인 역시 특별한 고려 대상이 아니라 설계 단계에서부터 기본적으로 고려하는 대상으로 자리 잡고 있는 것을 볼 때, 우리나라도 지금은 경관설계나 디자인이 생소한 부분이고, 이를 특별히 고려하고 과업에 반영하기 위해서는 어려운 과정을 거쳐야 하는 실정이지만, 앞으로 기초를 다지고 활용하여 빠른 기간 내에 도로설계에서 당연히 고려하는 기본사항이 될 수 있도록 공감대 확산이 이루어져야 하겠다.

▌슈바르츠발트 지역의 아름다운 도로선형

 출장자들이 아우토반에서 운전을 한 경험(렌트카 : 벤츠 A105 4인 승용차)으로는 속도 무제한 구간에서 140㎞/h까지 주행 시는 무리 없이 주행할 수 있었으나 그 이상 고속 주행 시에는 긴장을 하게 되고, 심리적, 육체적으로 사고 유발 위험성이 매우 커질 것으로 판단하였으며, 도로설계의 설계속도를 초고속도로 개념으로 160㎞/h를 목표로 하기보다 140㎞/h를 적정속도를 설정하고, 운전자가 속도 무제한의 조건에서 도로환경에 맞게 주행하며, 주행차로와 추월차로를 철저하게 운영하는 아우토반의 방식을 참조하여 도입하는 방안을 검토하는 것이 바람직할 것으로 생각되었다.
 독일 아우토반 답사를 통해서 느낀 종합적 결론은 안전하고 경관이 뛰어난 도로와 구간별 제한속도와 추월방식 등 교통법규를 철저하게 준수하는 품격 있는 운전자가 함께 어우러져 편안한 도로를 만들고 가꾸어 나아가야 할 것이며, 이러한 목적을 달성하기 위해서는 다양한 프로그램과 공감대의 확산, 기술자와 이용자의 의식 함양이 수반되어야 할 것이다.

그리고 우수한 도로경관을 확보하기 위해서는 도로선형 계획 시, 내부경관과 외부경관을 고려한 경관설계 개념이 우선적으로 고려되고 도로주변의 사계절 변화와 지역성을 반영한 경관식재, 부대시설물의 미학적 디자인, 시각적으로 부담을 주는 경관장애물 제거, 중앙분리대와 길 어깨, 비탈면, 인접지역이 조화되는 녹지네트워크의 구축, 인터체인지 완충공간의 친환경 오픈스페이스 조성 등이 반영되어야 할 것이다.

- 2008. 12. -

친환경 · 인간중심 · 문화가 어우러진 네덜란드

암스테르담에서 하루를 걷다

「네덜란드 디자인 여행」이란 책에서 소개되는 암스테르담은 온통 박물관, 미술관, 디자인시설물들로 문화가 넘치는 낙원이었다. 암스테르담 중앙역 앞 운하크루즈 승선장, 뮤지엄 보트 승선장에서 시작되는 담라크 Damrak 거리는 1920년대에 도입된 암스테르담의 명물인 노면전차 트램과 좁은 편도 1차로의 차도, 자전거도로, 보행자도로 그리고 양쪽에 들어선 오래되고 거친 모양의 근대 건축물들로 숲을 이루고 있었다. 대부분 석재포장으로 깔린 길거리는 차량의 질주와 경적소리는 상상할 수 없었으며 인간중심의 가로에서 추구하는 가로환경, 도시환경, 문화환경이 공존하는 '인간을 위한 공간'이 중심에 자리 잡고 있었다.

운하를 따라 형성된 가로를 돌아보며, 자전거전용도로와 자전거신호등, Traffic Calming 시설, 수상자전거 보관시설, 벼룩장터와 튤립 등 화초뿌리, 꽃씨 등을 판매하는 수상마켓, 레이체광장의 오픈카페, 높이가 5층으로 스카이라인을 이루고 주변과 색상의 조화를 이루며 밀착되어 있는 장난감 같은 건물들, 운하를 가로 지르는 개폐식 다리 등 전반적으로 차량통행을

■ 레이체광장과 트램 정거장

■ 수상 자전거 보관보트와 가로공간의 활용

억제하는 자전거-사람-차량(트램, 자동차)의 위계가 정립되어 있는 거리는 반 고흐 미술관, 렘브란트의 집, 마헤레 다리 등 온통 역사와 문화, 예술의 전시장이었다.

고속도로와 도로시설물

네덜란드는 제일 높은 곳이 해발 400m를 넘지 않고 국토의 1/4이 해수면 이하이고, 1/3 이상이 간척사업으로 조성된 지역으로 대부분 평지에 조성된 고속도로는 길 어깨 쪽으로 철저한 식재를 통해 도로공간이 녹지공간 속으로 통과하는 공간으로 인식되도록 조성한 것이 인상적이었으며, 실제로 숲 속을 달리는 느낌을 주는 친환경적이고 경관관점에서 뛰어난 모습을 연출하고 있었다.

평지지역 고속도로 양쪽으로 토사 둑을 조성하고 식재하여, 방음림을 조성하거나 둑 상단에 방음벽을 설치하여 전반적으로 방음벽 높이를 조정하였으며, H=6~7m 정도의 개방형 방음벽 형식이 주류를 이루고 있었다. 중앙분리대는 도시지역 일부를 제외하고는 녹지대, 녹지대와 가드레일의 조합, 콘크리트방호벽 상단 식재를 적용하여 길 어깨 쪽에 조성된 녹지와 함께 Green Network을 철저히 이루고 있는 것이 특징이었다.

▎방음 둑과 방음림으로 식재된 고속도로

▎방풍림과 고속도로 주변의 식재

도로지역을 통과하는 구간의 방음시설은 일률적인 형태가 아닌 다양한 형태의 디자인이 반영된 방음벽이 연출되고 있었으며, 최근에 설치된 투명방음벽은 수직형태나 상부 라운드형태가 아닌 도로 바깥쪽으로 경사진 형태를 이루어 도로주행자 입장에서 측방여유폭이 확보되어 심리적으로 주행압박감

고속도로구간의 개방형 방음벽

을 완화시키고, 조망권을 확보하는 측면에서 지나치게 높지 않고 대체적으로 6m 내외 높이의 방음벽과 부분적으로는 Precast 이동식 방음벽도 설치되어 있어, 방음벽으로 전면적인 소음차단을 요구하는 우리나라에 비해 도시지역은 어느 정도의 소음발생을 허용하고 조망권의 확보를 중요시 하는 관점을 엿볼 수 있었다.

압슬루트 방조제 도로

북해와 맞닿은 에이셀호는 원래 북해로 이어지는 '조이데르해' '만'이었으나 주변 간척지에 수해가 빈번하게 발생하자 1927년부터 1932년까지 5년에 걸쳐 '만'의 입구를 막는 대제방을 건설하였다. 물과 싸우며 국토를 넓혀온 네덜란드 Holland, Dutch의 상징이 되는 압슬루트 방조제는 폭 90m, 길이 32.5㎞로 돌과 돌 사이에 버드나무가지를 꽂아 넣는 전통적인 공법으로 생태계를 배려하고 인공호수의 동서를 연결하는 대동맥이 되었으며, 양방향 4차로 고속도로(A7)와 자전거도로가 개설되어 있는 제방에는 휴게소를 겸한 아담한 규모의 전망대에서 쉬거나 횡단육교를 이용하여 북해의 해수면과 담수호를 접할 수 있다.

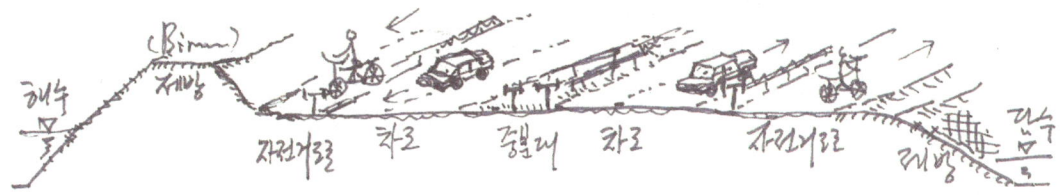

방조제도로 횡단면 구성

친환경·인간중심·문화가 어우러진 네덜란드

▮ 압슬루트 방조제와 제방도로

일반국도

일반국도 구간에서의 4지교차로는 회전교차로 Roundabout를 원칙적으로 적용하고 있으며, 교통량이 적은 구간에서의 비보호 좌회전처리, 3지교차로의 신호표시는 좌회전 신호는 적·황·청색으로 구분되고, 우회전의 경우 적·청색으로 구분되어 있으며, 노면표시 중앙분리대 내에 녹색을 마킹하여 시인성을 증대시키고 있다.

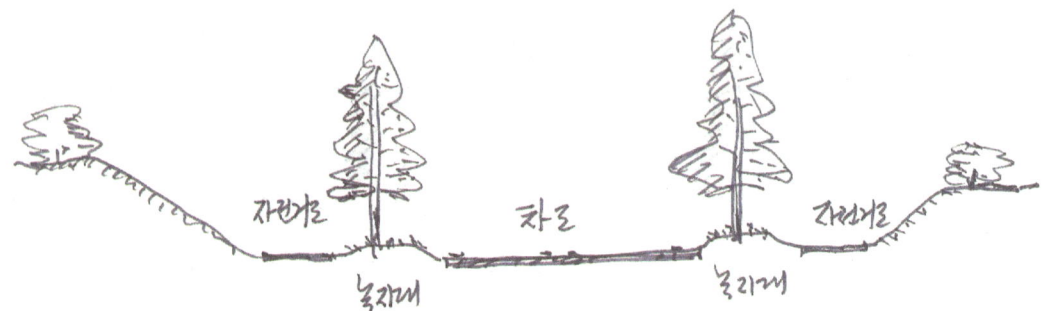
▮ 자전거도로와 병행하고 있는 국도의 횡단면구성

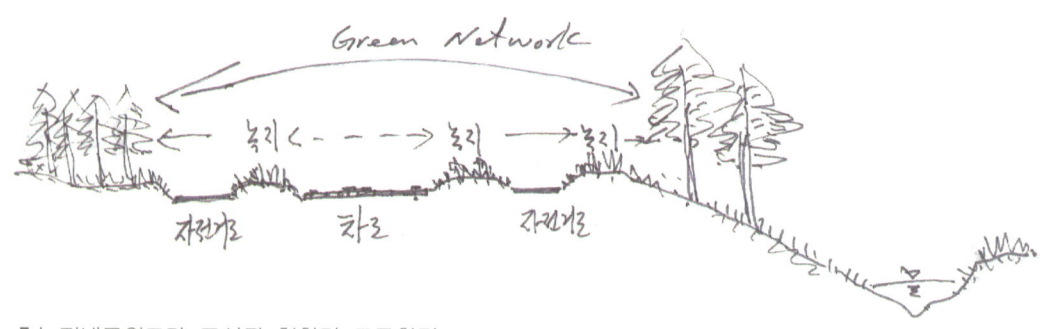
▮ 녹지네트워크가 조성된 친환경 도로환경

주거지역에 인접한 구간을 통과하는 국도에는 교통정온화 Traffic Calming 기법을 철저하게 적용하여 생활환경을 배려하고 국도의 차도 좌우로 자전거도로, 녹지조성 등을 철저하게 반영하고 친환경 관점에서 통과하는 도로공간이 전반적으로 단절된 형태가 아닌 주변지역 녹지와 도로변 녹지가 연결되도록 녹지네트워크 Green Network를 이루어 주변녹지와 연계되는 컨셉을 철저하게 적용하고 있는 관점이 인상적이었다.

▌친환경 관점에서 조성되고 있는 일반국도의 도로환경

자전거도로

암스테르담에서의 자전거도로 네트워크를 중심으로 분석하면 도로 위의 우선순위는 자전거→사람→차량 순서로 위계가 정립되어 있으며 차량통행도 대중교통수단인 노면전차 트램 위주로 되어 일반차량의 통행은 최대한 억제되고 자전거 교통 중심의 체계로 구축되어 자전거 도로의 신호제어, 이면도로의 자전거 보관시설, 운하 위의 수상자전거 보관보트 등 도시지역에서는 물론 지방지역에서도 일반국도와 병행하고 있는 자전거도로, 회전교차로에서도 자전거 회전차로 확보 등을 통해 자전거 이용을 활성화하고 자전거문화가 뿌리를 내리고 있었다.

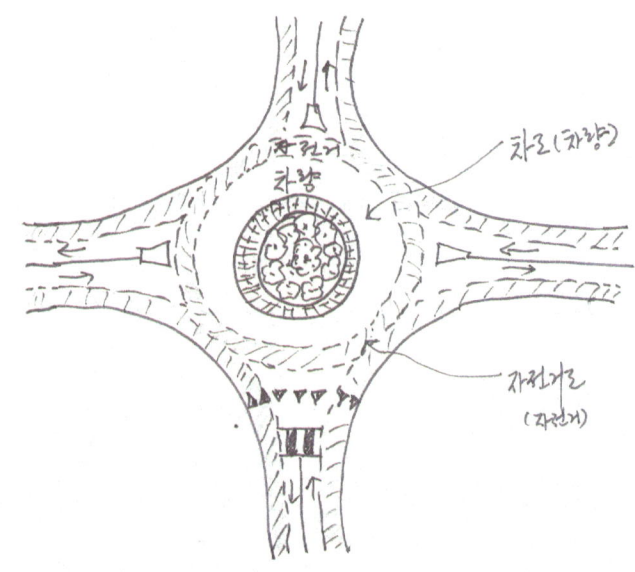

▎Roundabout에서 차량·자전거 동선의 분리처리 형태

▎암스테르담 시내의 자전거도로

▎감지식 가변형 볼라드   ▎차량, 자전거 동선의 분리, Roundabout

교통정온화 Traffic Calming

일반적으로 이면도로와 단지 내 도로에서 적용하는 것으로 인식되었던 교통정온화기법이 일반국도 구간에도 광범위하게 적용되고 있어 전반적으로 통행속도 감소를 통한 교통안전 확보와 주거지역 주변의 생활환경 악영향 최소를 적극적으로 도모하는 면이 돋보였으며, 특히 주거지역이 인접한 구간에서는 통과차량의 속도를 감소시키기 위한 초커, 시케인, 험프 등 다양한 교통정온화기법이 철저히 적용되고 있었다. 네덜란드는 본엘프 Woonerf로 시작된 교통정온화의 종주국답게 도시부와 도시 외곽부에 이러한 기법이 철저히 적용되고 있다. 본엘프는 'Living Yard, 생활의 터'란 의미로 1960년~70년대에 델프트에서 주거환경 개선을 위해 주거지역 도로를 개조한 것에서 유래되어, 주민들이 주택가를 주행하는 과속차량에 위협을 느껴 도로를 굴곡 시키거나 식재를 하여 차로 폭을 축소하고 표면요철로 차량의 주행속도를 낮추는 방법을 강구한 것이 시초이다.

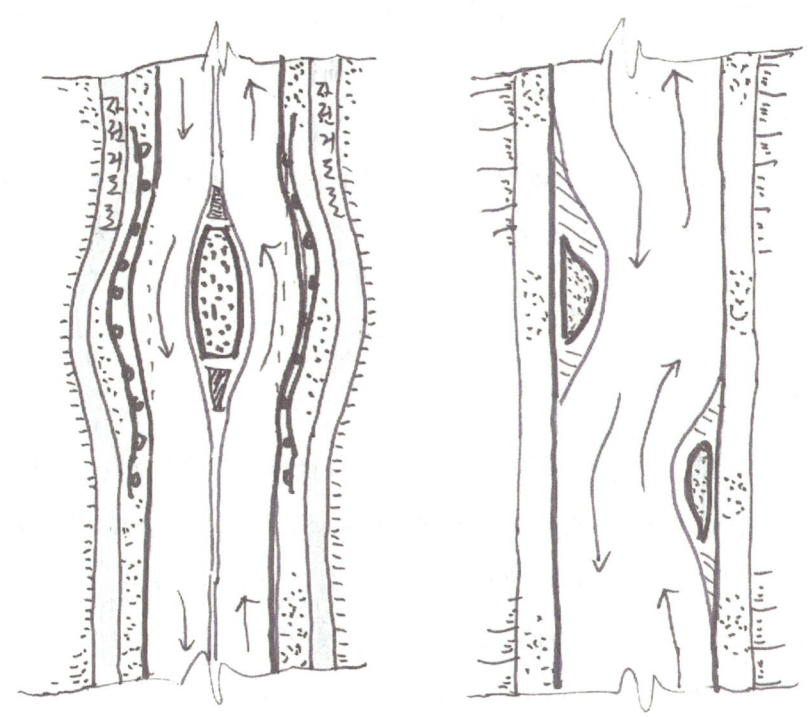

▌초커(chokers)기법과 시케인(chicane)기법의 적용

▌시설물을 설치한 초커기법의 적용

▌Roundabout와 시케인기법의 적용

도시부 지역의 4지교차로, 외곽지역의 4지교차로에서는 회전교차로를 광범위하게 적용하여 신호교차 시 발생되는 차량 대기시간의 낭비를 제거하고 교통운영의 효율성을 확보하여 대기오염 저감, 소음저감, 교통용량 증대 등을 이루고 있으며, 특별한 지점을 제외하고는 대부분의 교차지점에 다양한 회전교차로 형태를 적용하고 있었다.

무엇을 느꼈는가?

도시지역 가로와 지방지역 도로의 4지교차로는 대부분 회전교차로 형태로 운영되고 있어 신호처리 평면교차로에 비해 상충수의 감소(32회→8회)로 인한 안전성 향상, 신호교차로 운영 시 발생되는 대기시간의 감소로 인한 지체감소, 연료소비량 감소, 대기·소음 등 환경오염 감소 효과가 뛰어났으며, 중앙의 원형교통섬을 이용한 녹지대 조성, 조형물 설치로 도시미관 개선효과도 있었다.

고속도로의 경우, 지방지역에서는 녹지중앙분리대와 가드레일을 병행한 형식을 적용하고, 길 어깨 양쪽으로 식재를 하여 삭막한 회색 포장면이 아닌 숲 속을 주행하는 느낌을 주었으며, 가능하면 중앙분리대에 녹지를 조성하여 친환경성을 최대한 확보하였다.

일반국도의 경우, 친환경도로와 교통정온화시설이 자전거도로와 함께 전반적으로 반영되어 있어 동시에 「인간중심의 도로」 개념이 철저히 적용되고 녹지네트워크가 형성되어 있는 것이 단연 돋보였다.

도시지역 가로에서 자전거도로의 확보로 대중교통인 트램과 함께 기본적인 교통수단으로 자전거가 돋보였으며, 지방지역 도로에서도 양쪽으로 자전거도로를 철저히 확보하여 자전거를 통한 이동이 자리 잡았음을 확인하였고, 특히 벨기에 안트베르펜에서 자전거 이용자들이 스텔레강 하저터널과 엘리베이터, 에스컬레이터를 이용하여 출퇴근을 하는 모습은 삶의 기준과 국가의 관점이 어디에 있는지를 짐작할 수 있었다.

앞으로 어떻게 하여야 할 것인가?

고속도로 주변에 설치하는 방음시설의 경우, 폐쇄형보다는 개방적인 투명형 방음벽을 선호하였고 평지구간에서는 방음 둑의 상단에 식재를 하거나 방음벽을 설치하며, 도로 바깥쪽으로 일정하게 경사를 이룬 경사형 투명방음벽을 설치하였다.

이러한 방음시설의 특성을 파악하여 우리나라에서 지나치게 높게 설치되어 있는 방음벽을 낮추어 도로변 거주자의 조망권을 확보하고 도로주행자에게 주는 압박감을 완화시키는 방향으로 다양한 시설물디자인을 반영할 필요가 있으며, 고속도로 길 어깨 쪽에도 식재를 반영하고 삭막한 도로환경에 녹지요소를 적극적으로 도입하여 녹지축이 조성된 고속도로의 수림대에 의해 소음이 완화되고 대기오염이 저감되는 친환경도로를 지속적으로 추구해 나가야 할 것이다.

일반국도 구간에도 삭막한 도로환경과 무분별한 진출입으로 인한 교통정체, 사고발생 등을 완화시키기 위해서 길 어깨 쪽 식재로 주변시설의 차폐, 안정된 연도환경을 조성하고, 연도에 도로부지를 확보하여 측도 Frontage Road를 통한 연도시설 진출입 교통의 분리를 통해 교통용량을 증대시키고 사고발생을 완화시키는 방향으로 친환경 교통여건을 반영해야 할 것이다.

도시지역 가로 뿐만 아니라, 주거지역에서 멀지 않는 지방지역 구간에도 교통정온화기법을 적극 적용하여 도로안전을 확보하고 생활환경이 도로안전의 위험에 노출되는 것을 방지하며, 비효율적인 신호교차로를 회전교차로로 전환시키는 방안도 적극적으로 추진되어야 한다.

'벨기에'에서 '룩셈부르크'로 진입하기 전, 국도변 쉼터에서 감자튀김을 튀겨서 팔던 노점상에게 한국에서는 '프렌치 프라이드'라 부른다 했더니, 이곳 벨기에 지역에서는 '벨지움 프라이드'라 한다 하여 유머감각을 뛰어난 것으로 떠올렸는데, 실제로 2차 세계대전 중 미군들이 벨기에 지역에서 맛있게 먹었던 감자튀김을 프랑스 지역에서 먹었던 것으로 착각하고 귀국하여 그렇게 불렀다고 한다.

목적지를 향해서 그저 빨리 가려고 달리기에만 급급한 한국인들에게도 도로는 단순히 달리기만 하는 장소가 아닌 주변경관과 감성과 문화를 느끼며 여유를 갖고 존재하는 장소로 인식될 수 있도록 도로문화를 널리 펼쳐가야 할 것이란 생각이 서서히 밀려온다.

- 2011. 06. -

일본 큐슈풍경가도 돌아보기

글을 시작하며

우리나라는 2007년 12월, '경관도로조성 기본계획'이 수립된 이래 2013년 1월, '도로설계편람 경관편'이 제정되었으며, 경관도로 시범사업이 수행되었고 현재 경관쉼터조성 시범사업이 수행 중에 있다. 설계분야에 있어서도 2012년 하반기부터 설계자문단계에서 경관분야가 참여하여 도로설계 시 도로경관 관점을 접목시키려는 노력을 시도하고 있지만 기존의 도로공학에 환경, 경관, 디자인, 역사, 문화 등 공학과 인문학을 융합하는 과정은 현실적으로 '양' 중심에서 '질' 중심으로 변화하는 트렌드에 부응해야 하는 과도기 속에서 몸살을 앓고 있다.

한편, 일본에서는 아름다운 도로를 조성하고 유지관리 하려는 노력의 일환으로 2007년부터 '풍경가도사업'을 도로관리기관 뿐만 아니라 지역주민, 자치회, NPO(NGO), 지역기업, 지자체, 마을공동체, 대학관계자, 경찰 등이 함께 참여하는 파트너 십 partner ship을 구성하여 '풍경가도협의체'를 통해 전반적인 활동을 지속적으로 하고 있어 일본풍경가도 10년 역사를 찾아보는 것은 앞으로 우리나라에서 경관도로 사업이 나아가야 할 방향을 설정하는 사례연구가 될 것으로 판단된다.

일본의 풍경가도

일본의 풍경가도는 향토애를 길러 지역의 매력과 아름다움을 발견하고 창출하는 동시에 다양한 주체에 의한 협동을 통해 경관과 자연, 역사, 문화 등 지역자원을 살린 국민적인 원풍경을 발굴하고 보전하는 활동으로 지역 활성화와 관광 진흥에 기여하고 이를 통해 국토문화의 부흥에 도움이 되는 것을 목적으로 하고 있다.

더불어 해당 지역만의 풍경과 자연, 역사, 문화 자원을 활용하여 방문하는 사람들에게 기쁨과 감동을 선사하며 지역과 도로의 매력을 재발견하고 구축하여 지역 활성화와 아름다운 도시계획을 목표로 하는 노력의 결실, 그것이 풍경가도이다.

풍경가도의 활동으로서 생각할 수 있는 경관개선, 지역자원 활용에 의한 개성적인 경관의 형성, 전통적 농촌풍경, 가로의 보전, 관광에 기여하는 정보발신 등은 지역과 행정이 일체가 되어 이루어져야 하므로 그러한 목적을 위해서 각 풍경가도는 활동에 필요한 관련조직과 도로관리자로 구성된 '일본풍경가도 파트너 십'을 조직하여 각각의 구체적인 명칭, 구성원에 대해서는 활동주체의 판단에 위임하고 있다.

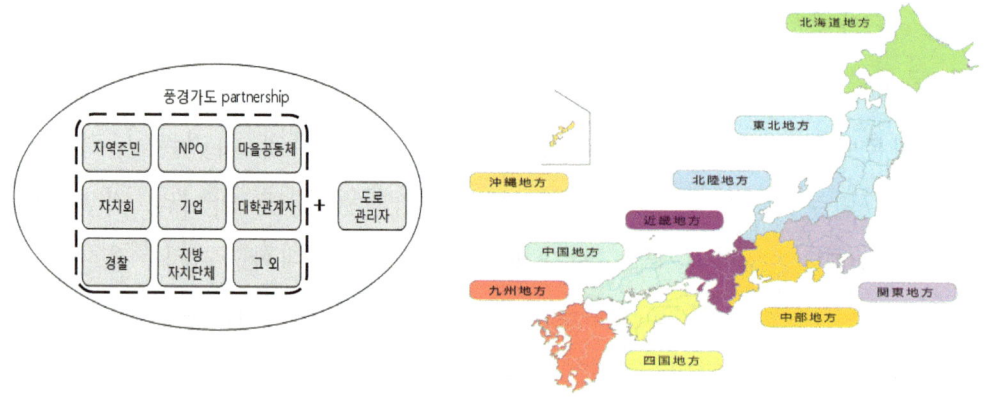

▎일본풍경가도 파트너 십 구성원(좌)과 풍경가도협의회 현황(우)

▎100만 그루의 소나무가 숲을 이룬 가라츠 무지개 송림(좌)과 히라도대교(우)

큐슈 풍경가도, 나가사키 선셋 로드

일본풍경가도는 2018년 4월 기준으로 북해도에서 오키나와에 이르는 10개 지방협의회에 총141개 루트가 등록되어 있으며 큐슈지역에는 14개 루트가 등록되어 있다. 이번 답사에서는 5개 루트를 돌아보고 도로관리기관인

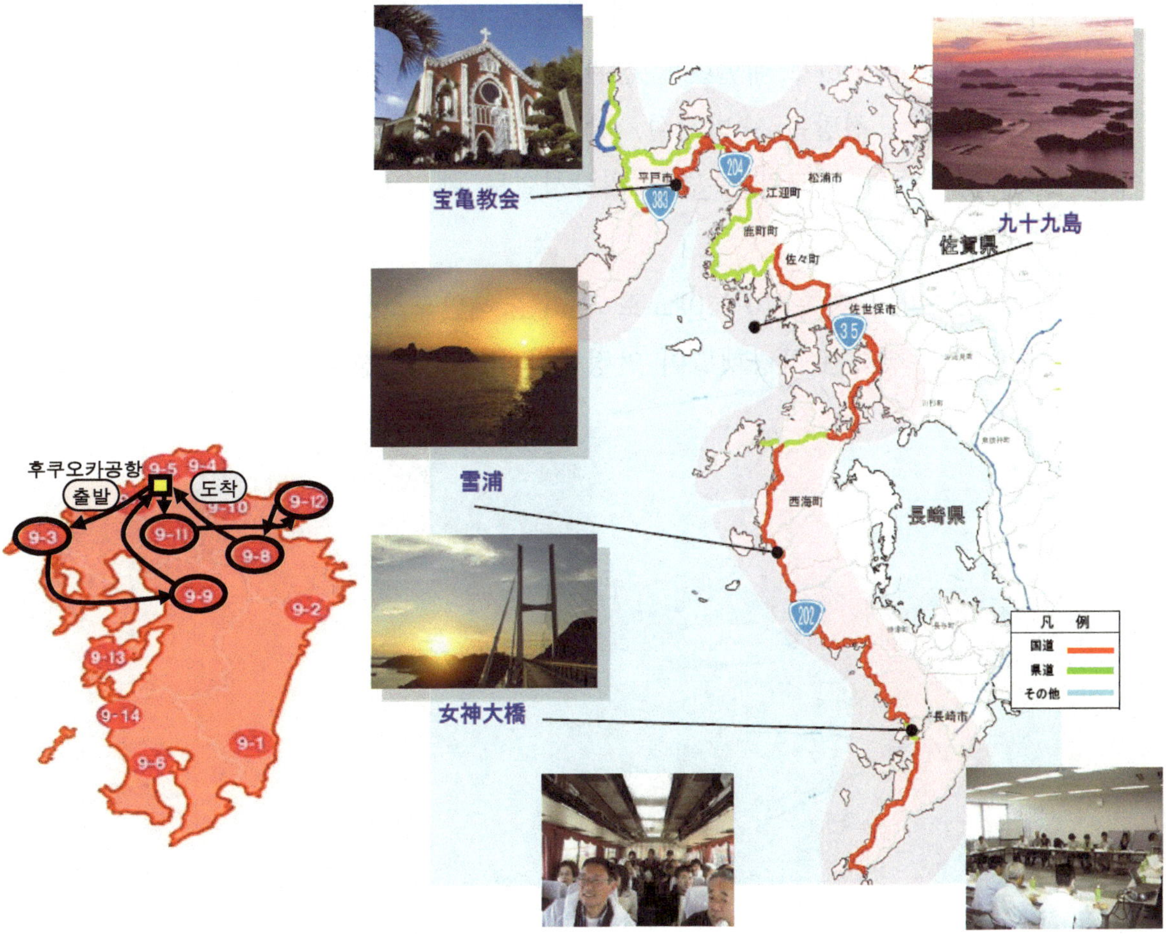

▎큐슈풍경가도 및 나가사키 선셋 로드 루트

일본 큐슈풍경가도 돌아보기   **211**

국토교통성 큐슈지방정비국을 방문하여 풍경가도 기술교류회를 가졌다.

나가사키 선셋 로드 sunset road는 큐슈의 서쪽해안을 달리며 낙조를 즐길 수 있는 노선으로 마쯔우라시에서 히라도대교를 거쳐 국도204호, 202호, 499호선을 따라 사세보, 나가사키를 거쳐 종점인 노보자키 곶에 이르는 연장 280km의 노선이다.

이 루트에는 16~17세기에 포르투갈에 의해 천주교가 전파된 지역으로 일본의 여느 지역과는 달리 천주교성당이 여러 곳에 자리 잡고 있으며 루트를 달리며 즐길 수 있는 송림과 낙조가 노선의 대표적인 풍경이다.

백만 그루의 소나무가 해안으로 자라고 있는 솔향기 가득한 가라츠 무지개 송림을 지나 히라도로 넘어가는 지점에서 가설된 히라도대교는 남해대교와 같은 형식인 현수교로 주변의 삼림과 바다와 어우러지는 조화로운 모습이다. 에도시대江戶, 네덜란드 상관商關이 자리 잡았던 히라도시마 전망대에서 감상하는 전망은 숙박시설, 상업시설이 무질서하게 들어서서 아름다운 경관을 훼손하고 교량 주변을 위락시설로 채워버린 남해대교 주변 모습과 대비되었다.

해안을 따라 시속 40~50km로 달리는 해안도로는 추월하는 차량 없이 질서 있게 주행하는 차량행렬이 안정적이어서 주변 풍광을 편안하게 감상하며

▌나가사키 선셋 로드의 사이카이 미찌노에끼   ▌도로안전을 도모한 곡선부

달려 사세보 항구를 지나 지방도에 위치한 사이카이 미찌노에끼(도로역道の驛)에 닿아 아담한 규모의 휴게소를 둘러보았는데, 이 곳 역시 미찌노에끼의 3가지 기능인 정보발신, 휴식, 지역연계 기능을 제대로 갖춘 아늑하고 편안한 모습으로 자리 잡고 있었다.

아소 구마모토 길

아소 구마모토 풍경가도는 여느 노선과는 달리 구마모토 시내에서 시작되어 국도57호선을 따라 아소산을 좌측으로 돌아가는 연장 133km의 루트이다. 이 루트는 일본 3대 성城으로 꼽히는 구마모토성과 아소화산, 분화구로 대표되며 2016년, 구마모토 지진으로 많은 피해를 입었지만 지금은 대부분 복구되어 아소산 분화구로 올라가는 길이 최근에 개통되었다.

구마모토 시내를 관통하는 시라가와白川에 가설된 사라가와교는 PC빔과 트러스형식을 연결한 교량으로 밋밋한 형태의 PC빔 교량 상부에 플라잉라이트와 보차도 경계 볼라드, 보도 바닥패턴 등을 반영한 Art Polis Project로 수행한 교량재생사업의 시범사례이다. 2007년 봄 구마모토 아트폴리스를 답사하러 왔을 때 삭막했던 시라가와 하천이 유속을 느리게 하는 수제水堤를 설치하여 대안 쪽으로 모래가 쌓인 자연형 하천으로 바뀌고 있어 아름다운 교량과 주변환경이 더욱 조화를 이루고 있었다.

▌시라가와교와 플라잉 라이트

▪ 구마모토시 국도57호선 도시지역(좌)과 지방지역(우)

구마모토시 외곽에서 국도57호선을 따라 아소산으로 들어가는 길은 양방향 4차로 도시지역 도로이지만 녹지중앙분리대와 가로수 식재로 녹화되어 환경적, 생태적으로 안정된 분위기여서 편안하게 달려 아소산 분화구로 올라가는 '아소파노라마라인'으로 접어들어 분화구의 일부 분

▪ 아소산 주차장 화장실의 Art Design

출로 폐허가 된 정상으로 올랐으나 분화구는 흐린 날씨에 가스분출이 심해 호수의 끓어오르는 코발트색 물을 보지 못하고 을씨년스런 날씨에 잠시 눈길을 주다 몰려오는 구름을 피해 서둘러 하산하였다.

아소 구마모토 풍경가도의 아소, 대진 등 두 곳의 미찌노에끼에는 전기차 충전시설이 설치되어 전기차의 상용화를 인지할 수 있었으며, 휴식기능과

▪ 주차장에 설치된 전기차 충전시설과 지역연계기능으로서 지역생산품 판매

함께 정보발신, 지역연계기능이 확보되어 도로이용자는 물론 지역주민들이 로컬푸드를 활발하게 이용하고 있어 일본에서 미찌노에끼가 '지역의 핵'으로서 역할 정도를 가늠할 수 있었으며, 우리나라에도 이러한 시스템을 하루 빨리 도입하여 접목시켜야 할 필요성을 절감하였다.

미도리노 사토·미노 풍경가도

쿠루메시와 우키하시를 연결하는 국도210호선 미도리노 사토·미노풍경가도는 오래된 역사문화자원이 많은 곳이며 우키하시 주변 산간에 펼쳐있는 계단식 논이 대표적인 풍경으로 꼽힌다. 특히 우키하시는 인구 3만 명의 소도시지만 에도시대에 번성하였던 마을거리와 역사적 건축물들이 보존되어 있는 지역으로 가로변 전신주, 전선을 지중화 하는 도로정비사업으로 정돈된 역사·문화거리의 모습을 되찾아 통과하는 도로이용자들에게 고풍스런 분위기를 주어 많은 관광객들이 찾고 있다. 특히, 우키하 미찌노에끼 옆에는 뛰어난 전원경관과 더불어 1920년대에 이용하였던 원형극장을 복원시켜 역사와 문화가 흐르는 풍경가도로 자리 잡고 있다.

▌전선, 전주가 지중화된 고풍스런 마을거리　　▌우키하 미찌노에끼 전경

▌발굴, 복원된 원형극장(우키하시)

벳부만안·쿠니사키반도 우미베 해안도로와 야마나미 하이웨이

　오이타현 벳부 만에서 시작하여 쿠니사키 반도를 돌아가는 풍경가도는 해안경관을 즐기며 달릴 수 있는 길이며 자전거도로가 병행된 것이 특징이다. 특히, 해안에 자리 잡은 두 곳의 미찌노에끼는 '지역의 핵'으로서 지역농산물 로컬푸드 매장이 되고 해안의 탐방로를 이용하는 관광객의 거점장소로 이용되어 활기를 띠고 있는 것이 돋보였으며, 연장 159km의 해안도로 곳곳에 머물 수 있는 장소와 오토캠핑장이 있어 자연과 함께 하는 힐링 로드로 자리 잡고 있다.

▌쿠니사키 반도 풍경가도　　▌우미베 해안 풍경가도

▌쿠니사키 미찌노에끼

▌쿠니미 미찌노에끼

▌유후인 미찌노에끼

▎장대한 풍광을 자랑하는 야마나미 하이웨이

　온천의 고장 오이타현 벳부에서 시작하는 야마나미 하이웨이는 험준한 산악을 숲속과 산허리로 달리며 짜릿한 드라이빙을 만끽할 수 있는 루트로 '일본100명도'에 선정될 정도로 아름답고 변화가 풍부하고 스펙터클한 절경이 일품인 풍경가도이다.

　많은 이용자들은 중간지점의 온천마을 유후인에서 숙박하며 풍경가도 속에서 힐링을 체험하고 온천과 관광도 즐기고 있어 지역의 거리엔 활기가 넘쳐나고 있으며, 유휴인은 최근 한국인들이 많이 찾고 있는 온천관광지로 떠오르고 있는데, 야마나미 하이웨이는 이번 큐슈풍경가도 답사에서 압권을 이룰만한 인상을 주어 아직도 잔상이 지워지지 않을 정도이다. 우리나라에도 이러한 지역을 대표할 수 있는 아름다운 경관도로가 발굴되고 관리되었으면 하는 바람이 간절하였다.

글을 마무리 하며

　한국도로학회 도로문화위원회 위원들은 6월6일부터 9일까지 3박4일에 걸쳐 큐슈풍경가도 5개 구간과 미찌노에끼 9개소를 견학하고 일본 국토교통성 큐슈지방정비국을 방문하여 풍경가도 관계자, 큐슈풍경가도협의회 전문가와 기술교류회를 가지며 우리나라에서 2010년 이후에 시범적으로 추진하고 있는 경관도로와 경관쉼터 시범사업을 확대시킬 경우 2007년부터 시작한 일본풍경가도 사업과 어떻게 대비시켜야 할런지, 정부기관과 자치단체

등 행정기관 주도의 도로 사업이 바야흐로 접목되기 시작한 주민참여 거버넌스와 어떻게 조화를 이루고 위상을 설정해야 할 것인지에 대한 고민거리를 구체적으로 생각하고 공유하는 기회를 가졌다.

국토교통성 큐슈지방정비국에서 답사단

이미 일본에서는 여타 선진국에서와 같이 주민참여 거버넌스의 3대 구성원인 '행정+주민+전문가·시민단체'의 3각 축에서 행정은 주도가 아닌 협의체 조직과 연계하여 행정적으로 지원하는 역할에 충실하고 있으며, 다양한 협의체 구성원들이 상호 소통하여 참여하고 문제를 해결하고 이러한 과정에서 광범위한 자원봉사자의 역할이 증대되어 활동의 중심으로 자리 잡고 있음을 확인할 수 있었다.

우리나라도 국민소득 3만 불 시대에 즈음하여 주민참여 거버넌스 governance에 의한 협의체와 소통하는 주민참여활동이 활기를 띄고 궤도에 올라 활성화 되어야 지속가능성이 확보되는 사회, 선진국으로 가는 문턱에 들어설 수 있다는 것을 답사에 참가한 회원들의 공통된 인식으로 확인할 수 있었다.

유후인 미찌노에끼 앞에서 답사 일행

더불어 큐슈지역에 128개소가 설치·운영되어 '지역의 핵'으로서 지자체를 주체로 운영하고 있는 휴식기능, 지역연계기능, 정보발신기능의 3가지 기능을 갖춘 미찌노에끼가 도로이용자와 지역주민이 필요하여 수월하게 자주 찾는 곳으로 자리 잡아 활기가 넘치고 '지역의 핵'이 되고 있는 것을 보며, 국도와 지방도를 이용하며 수준 낮은 시설과 서비스에 불만을 갖고 있는 우리나라의 현실이 경관도로사업과 스마트복합쉼터사업, 관광도로사업, 경관쉼터사업 등을 통해 모두에게 편익을 제공하는 풍요로운 공간으로 거듭 나길 기대한다.

- 2018. 7. -

북해도 중앙자동차도로와 풍경가도

일본의 고속도로는 나고야~고베 사이를 잇는 메이신名新 고속도로에 이어 도쿄~나고야 구간의 도메이東名 고속도로로 이어지며, 당시 고속도로사업 초기에는 아우토반 건설에 참여하였던 독일 도로전문가들의 기술지도로 사업을 추진하여 일찍부터 선진기법인 친환경설계, 경관설계 개념이 도입된 수준 높은 고속도로의 모습을 보여준다.

지금은 제2동명고속도로의 대부분 구간이 개통되었으며, 도쿄 주변의 수도권 순환고속도로가 일부 지하구간을 포함하여 공용되고 있지만 무엇보다 이국적이고 다양한 자연경관과 볼거리를 보여주는 곳은 북해도北海道 지방에 있는 '북해도 중앙자동차도로'이다.

일본 혼슈本州와 홋카이도를 연결하는 세이칸 터널을 지나 아름다운 항구로 명성이 높은 하코다테를 지나서 시작되는 중앙자동차도로는 해안에 가까우면서도 내륙으로 솟아있는 수려한 산악경관과 해안경관을 동시에 느낄 수 있는 특성을 가지고 있으며, 북해도의 중심도시 삿포로를 거쳐 북부의 시베츠土別까지 연결되고 있어 중앙자동차도로를 달리며 북해도의 아름다운 풍경과 문화를 접하는 기회를 가지는 여정은 여행자에게 무척 인상적인 체험을 가져다준다.

▌북해도 중앙자동차도로에서 바라본 히다카 산맥의 산악경관은 눈 덮인 봉우리와 그 아래로 펼쳐진 삼림지대, 도로부지의 식재 공간, 개방형 안전시설물들이 서로 단절되지 않고 소통하는 모습으로 다가온다.

이렇게 주변의 자연경관과 어우러지는 아름다운 고속도로 못지않게 북해도에는 지역 활성화와 연계하여 지역의 관련단체와 민간단체가 도로관리기관과 함께 참여하여 높은 수준의 도로경관을 형성하여 세계적인 브랜드의 풍경가도를 창조하는 '풍경가도사업'으로 지역의 풍경과 자연, 문화 등 자원을 활용해서 '길'과 '마을'을 아름답게 하고 지역 활성화로 방문자에게 기쁨과 감동을 선사하고 있다.

풍경가도의 목표

지역자원의 발굴
▶ 숨겨져 있는 고도와 역사적인 건물의 활용

경관, 자연을 즐길 수 있는 장소 구축
▶ 멋진 풍경과 무대를 마련

축제, 이벤트 실시
▶ 사람들이 즐기고 교류할 수 있는 방향으로 도로를 활용

경관, 환경의 개선
▶ 표지판, 간판 등의 개선, 도로환경의 유지관리 등

중앙자동차도로에서 이어져 북해도 중부지역 토카치 지방의 서북부를 연결하는 토카지헤이야·산로크루트는 해발 1,100m에 위치한 마쓰미대교에서 절정을 이루며, 이름 그대로 수 킬로미터까지 소나무 숲을 바라볼 수 있는 지점에 가설된 마쓰미대교松見大橋는 마치 한 마리 지네가 온몸을 비틀며 송림을 오르고 있는 형상으로 주변의 삼림경관과 자연 속에서 조화롭게 어우러지는 모습을 보이고 있다.

▌해발1,100m 지점에 놓인 마쓰미대교의 여름과 겨울의 모습은 자연을 훼손하지 않고 통과하는 교량과 광활한 소나무 숲이 연출하는 조화로움의 절정을 이룬다.

특히, 토카치 평야의 연장 16km에 이르는 직선도로는 토카치 평야를 곧바로 횡단하면서 오직 종단곡선 변화와 도로주변 식재로 직선도로의 지루함을 덜어주고 있으며, 광활하게 펼쳐지는 농촌경관과 부부산으로 불리는 시카리베츠의 서누프 카우시누프리와 동누프 카우시누프리가 조망되는 파노라믹한 전원경관과 산악풍경을 감상할 수 있다.

또한 누카비라국도의 산악지역에 개설되어 있는 약 2km의 직선도로는 양쪽으로 늘어선 눈부신 자작나무 숲을 사열하며 지나는 장관을 맛볼 수 있는 인상적인 산악도로서 주변에 서식하는 야생동물도 심심찮게 만날 수 있는 생태계가 살아있는 곳이다.

북해도의 중심부를 남북으로 가로 지르는 타이세츠·투라노루트는 100여

■ 누카비라국도 산악지역의 타이세츠 방면 경관은 빼곡히 들어 선 고산지대 자작나무 숲이 흰색 예복을 입은 근위병들처럼 서있어 마치 사열을 받으며 지나는 것과 같은 착각에 빠지게 한다.

km에 이르는 루트로 북해도의 웅대한 경관과 풍부한 자연환경을 미래에 남기는 '지역 만들기와 체험관광의 증진'을 목표로 하여 지역 활성화와 비즈니스 모델로 프로젝트를 추진하고 있다.

이 루트의 특징은 타이세츠산, 토카치다케를 배경으로 하는 아름다운 구릉지의 전원경관이 전개되고 있으며 라벤다 꽃으로 조성된 길은 '꽃사람 길花人街道'로 불리며 풀꽃에 의한 인상적이고 수려한 경관을 자아내고 있다.

■ 라벤다 공원과 어우러진 꽃길은 잠자고 있던 오감을 자극시켜 주행자를 꽃사람으로 만든다.

삿포로에서 서쪽으로 달려 샤코탄 반도의 항구도시 오타루는 명치시대 북해도의 산업항구로 번성했으며 유리공예와 오르골로 유명한 곳으로 이곳 오타루에서 해발 1,100m가 넘는 험준한 산맥을 따라 이어지는 해안도로 국도229호선은 노선의 전구간이 해안을 따라서 달리고 있어 바다의 아름다움은 물론 거센 파도에 깎여진 낭떠러지와 수많은 기암괴석들을 감상할 수 있으며, 해안을 달리며 맛 볼 수 있는 찰랑거리는 파도소리와 저녁의 낙조는 '힐링의 극치'라 표현하여도 오랫동안 아쉬움이 남을 정도라 북해도를 찾

■ 토카치다케 연봉의 눈 덮인 산악경관은 바라보는 이에게 말할 수 없는 환상적인 모습으로 다가온다.

는 여행자들이 반드시 찾아야 할 루트이다.

특히, 이 구간에는 한국에도 널리 알려진 영화 '러브레터'에서 여자 주인공이 눈 덮인 산을 향해 연인의 안부를 묻던 촬영지가 자리하고 있어 스토리텔링을 떠올릴 수 있는 풍경가도이기도 하다.

■ '힐링의 극치'를 가져다주는 오타루 해안도로의 환상적인 풍경은 특히, 저녁의 석양과 어우러질 즈음 온통 주홍색으로 물들어 가는 하늘과 바다의 하모니에 스스로의 존재를 망각한 채 바다 속으로 빠져버리고 만다.

■ 유리공예와 오르골로 이름이 높은 오타루에서 시작되는 오타루 해안도로는 북해도 중서부의 샤코탄 반도를 따라서 형성된 북해도의 대표적인 아름다운 풍경가도로 이름이 높다. 바다 쪽으로 깎아지르듯 달려가고 있는 샤코탄 반도의 준봉들과 푸른 바다 사이로 해변을 달리며 오감을 온몸으로 가득 느낄 수 있는 곳이다.

이곳 북해도에도 풍경가도 루트별로 정보관을 운영하고 있는데, 정보관에서는 지역의 내방객과 관광객들이 지나치기 쉬운 조망점과 루트의 특징 등 풍경가도의 상세한 정보를 안내하고 있다.

관계자의 설명에 의하면 실제로 풍경가도사업을 시작한 이후, 지역으로 관광객들이 많이 찾아와 지역경제 활성화로 이어지고 있으며, 풍경가도사업으로 지역주민들의 관심도가 높아져 루트 주변만이 아닌 지역 전체의 '아름다운 경관 만들기'로 이어지고 있었다.

▌소우베츠정보관과 오오누마 국제교류프라자

- 2013. 10. -

노르웨이 국립관광도로와 핀란드 Green Highway

노르웨이 국립관광도로

피오르 Fjord로 명성이 높은 노르웨이는 아름다운 협곡과 험준한 산악으로 이루어진 자연경관을 따라 18개의 관광루트를 개발하고 있으며 각각의 루트에서 도로와 자연, 역사가 만들어 낸 경관을 복합적으로 체험할 수 있다.

국립관광도로 사업의 목적은 '관광을 통한 지역경제 활성화, 매력적인 관광 드라이브 경험 제공과 전원 주거인구 확대, 젊은 건축가의 육성, Building of new brand of Norway' 등이며 1994년에 착수하여 2023년 완료예정으로 현재 200여개 프로젝트가 완성되었으며, 도로·건축·예술·통신·관광·마케팅·비즈니스 분야가 참여하여 전형적인 협업형태를 이루고 있다.

이 사업의 컨셉은 노르웨이의 경관적 매력을 특징짓는 요소인 산, 폭포, 피오르, 해안선을 따라 개설된 우회도로에 건축적 예술적 아름다움을 가미하여 자연과 어우러지는 최상의 드라이빙 경험을 제공하는 것으로 'Provide Best Drive Experience'이며, 지역연계 관광사업으로 피오르 패스 FJORD PASS를 국립관광도로 주변의 노르웨이 내 120개 호텔과 제휴하여 영국·독일 등과 연계한 국제적인 관광프로그램으로 운영하고 있다.

■ 노르웨이 국립관광도로 홍보자료

■ 피오르 패스와 피오르 노르웨이

한편, 노르웨이 관광청에서는 2012년, 서울을 비롯한 아시아 지역에서 'DETOUR ASIA전'을 개최하여 국제관광산업에서 노르웨이의 위상을 견고히 하였으며, 2013년에는 서울지하철 6호선 삼각지역 구내에서 관광홍보전시회를 열어 '국립관광도로'를 홍보하였다.

'작지만 위대한 나라' 노르웨이를 견과류 껍질 속 알맹이로 비유하여 노르웨이의 자연을 제대로 느낄 수 있는 관광프로그램으로 북해 쪽 베르겐에서 철도를 이용하여 계곡과 산과 호수를 버스와 배를 이용하여 송네피오르의 빼어난 풍경을 맛보고 수도인 오슬로까지 기차여행으로 왕복하는 관광프로그램도 매우 인상적이다.

아틀랜틱 도로

이러한 노르웨이 국립관광도로 가운데 대표적으로 알려진 곳이 대서양쪽 북해의 해안에 개설된 '아틀랜틱 도로 Atlanterhavsvegen'이다. 바닷가를 따라 일곱 개 교량의 아치가 바다의 가장자리에 있는 섬과 바위가 많은 작은 섬 사이의 웅장한 전망을 연출하고 있는 이 도로는 노선의 중심에 있는 교량 Storeisumdbrua(총연장 260m, 중앙경간 130m)이 '너울'을 형상화한 구조물 디자인으로 아틀랜틱 도로에서 절정을 이루고 있다. 너울이 공중으로 솟아올랐다 정점에서 떨어지는 형상을 구조물 디자인으로 창작하여 자연과 인공이 조화를 이룬 작품의 압권으로 표현하여도 조금도 부족함이 없을 정

▎환상적인 체험공간, 아틀랜틱 도로(1)

▎환상적인 체험공간, 아틀랜틱 도로(2)

도로 탄성을 자아내게 한다.

  이 노선은 달리는 기능에 집착하는 전통적인 도로의 패러다임을 파괴한 컨셉의 도입으로 도로와 바다와 주변자연이 하나가 되는 온몸으로, 오감으로 느끼는 '환상적인 체험공간'으로 자리 잡고 있다. 아틀랜틱 도로는 2005년, '세기의 노르웨이 건축기념물'로 지정되었으며 세계에서 가장 아름다운 자동차 여행 코스로 알려져 있다.

  이곳의 시설물들은 절제되고 간결한 디자인 사상을 바탕에 두고 창작되었으며, 도로개설 시 절취되고 남은 바위의 일부도 밀어내지 않고 도로변에 그대로 두어 자연의 한 조각도 원형 그대로 소중히 여기는 노르웨이 사람들의 자연사랑 정신을 느낄 수 있다.

▎방파제를 활용한 조망시설   ▎바닷가의 휴식공간

GEIRANGER-TROLLSTIGEN

▋ Trollstigen과 Ørnesvingen의 조망시설

가이랭거-트롤스티겐 도로

노르웨이 북부지역에 위치한 가이랭거-트롤스티겐 도로는 급경사의 계곡지역을 운전하며 자연의 웅장함과 역동성, 숨 막히는 피오르를 체험할 수 있는 코스로 63번 도로는 피오르 협곡으로 중간에 도로가 단절되어 다시 우회도로를 이용하여 접근해야 한다. 아찔한 전망대로 유명한 트롤스티겐 도로 Trollstigen road는 "요정의 길"로 불리는 험한 지형으로 11개소의 급커브가 1936년에 개통되었으며, 2005년에 Geiranger Fjord는 유네스코

▋ Geiranger-Trollstigen 도로 위치도

세계유산 목록에 포함되었다. 이 지역은 거친 자연과 함께 모험심을 기억에 오랫동안 남게 하는 전통이 있으며, 트롤스티겐 고원에 현대적인 디자인을 반영한 건축물, 산책로, 조망시설을 설치하여 모험심을 가진 방문객을 끌어 들이고 있다.

트롤스티겐 고원은 자연에 대한 경외심을 자아내게 하는 웅장하고 거대한 경관을 체험할 수 있으며, 도로의 최상부에 조망시설과 휴식공간을 설치하여 방문객에게 계곡과 폭포 등의 조망점을 제공하고 있으며, 특히 가파른 산비탈과 수직 경사면에 설치된 조망시설에서는 아래로 내려다보는 짜릿한 경관을 체험할 수 있다.

오르네버겐 Ørnesvigen 조망시설은 오르네버겐 도로의 가장 꼭대기에 위치하여 숨이 막힐 만큼 아름다운 경관을 제공하며, Geiranger 방향으로 Geiranger Fjord와 함께 Seven Sisters와 Knivsfl 산악지역의 가파른 언덕과 폭포를 조망할 수 있다.

▮트롤스티겐 조망시설　　　　　　▮오르네버겐 조망시설

Gamle Strynefjellsvegen 도로

1881년, 지역주민과 스웨덴의 건설노동자들에 의해 도로공사가 시작되어 1884년에 완성되어 100년 이상의 역사를 경험할 수 있는 지역으로 도로의

GAMLE STRYNEFJELLSVEGEN

Gamle Strynefjellsvegen 도로

동쪽 끝에 있는 Grotli는 수세기 동안 동쪽에서 서쪽으로 오는 여행객들의 모이는 장소로 인기가 많으며 꼼꼼하게 만든 돌담과 경계석의 긴 행렬은 고원을 가로질러 이어지고 있다. 이 루트는 가을의 경치가 특히 수려하여 많은 관광객들이 찾아온다.

이곳에서 바라보는 Øvstefoss 폭포는 여행객들에게 감탄을 자아내게 하는 수려한 경관으로 조망시설은 도로에 인접한 산책로를 따라 철제난간으로 조성되어 있으며 바로 눈앞에서 폭포의 강렬함을 경험할 수 있다.

또한 Strynsvatnet호수 동쪽에 자리한 전원마을은 호수와 함께 수려한 경관을 연출하며, 산 위에 있는 도로에 설치되어 있는 자연

Gamle Strynefjellsvegen 도로의 쉼터

노르웨이 국립관광도로와 핀란드 Green Highway 233

▌Gamle Strynefjellsvegen 도로의 모습

석으로 세워진 노측 방호시설은 자연을 사랑하고 자연과 조화를 이루고 인공성을 배제하는, 자연 속에서 훈련된 마음으로 사물을 바라보는 북유럽 사람들의 생활철학이 묻어나는 한 장면이다.

Sognefjellet 도로

세계에서 가장 길고 깊은 송네피오르(Sognefjord, 길이 204㎞, 최대수심 1,308m)에 인접한 루트로 수세기 동안 노르웨이의 동쪽과 서쪽을 연결하였으며, 북유럽의 가장 높은 산을 통과하는 높이는 해발 1,434m에 이른다.

Sognefjellet 도로는 동쪽의 울창한 Bøverdalen계곡에서 시작하여 빙하의 탁 트인 전경을 조망할 수 있는 고원과 계곡을 지나 Sognefjord로 연결되며, 노르웨이의 지붕을 가로지르며 피오르와 계곡, 다양한 자연유산, 문화유산을 체험할 수 있다.

SOGNEFJELLET

▎Sognefjellet 도로

▎숲 속의 휴게소와 조망시설

 이 루트에 있는 Lom시의 Leirdalen에 있는 숨겨진 소나무 숲에 위치한 임간 휴게소는 나무와 지형을 모티브로 하여 디자인을 도입하였으며, Vegaskjelet의 조망시설은 원경을 고려하여 관목 숲 위로 충분한 높이를 확보하고 주변의 자연경관과 계곡을 아래로 내려다보는 부감경을 고려하였으며 방문자의 접근이 용이하도록 주차장과 인접하여 설치하였다.

핀란드 E18 Green Highway Project

생태환경으로 이름 높은 핀란드에서 러시아로 연결되는 E18 고속도로는 최근 「E18 Green Highway Project」를 추진 중에 있으며, 이 프로젝트는 기존고속도로 17㎞ 구간을 개량하고 노선변경에 의해 36㎞ 구간을 신설하는 사업으로 생태환경 보전을 정책의 최우선으로 추구하는 국가답게 세계 최초로 친환경성이 확보된 생태적으로 뛰어난 고속도로 조성사업을 추진하고 있는 사례이다.

이 프로젝트는 계획단계에서부터 도로건설이 자연환경에 미치는 영향, 도로에서 발생하는 소음의 저감대책, 그 지역에 서식하는 고유종인 무스 등 포유류에 대한 이동경로 확보 등 해결책을 면밀히 수립하여 반영하고 있었으며, 탄소저감형 도로를 지향하여 종단선형을 구간별로 개량하여 탄소배출을 저감하는 노력을 하고 있다.

- 2014. 2. -

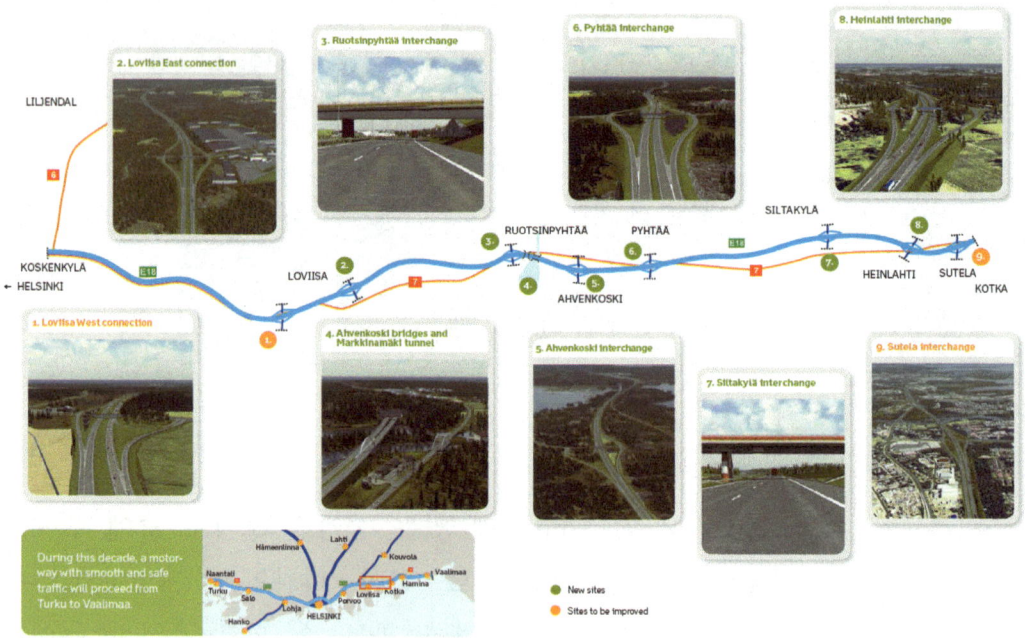

▎핀란드에서 동쪽방향으로 발트해를 따라 러시아와 연결되는 E18 Green Highway Project의 노선은 구간별로 진행되고 있는 다양한 사업이다.

▌핀란드의 고속도로와 일반국도

▌노출 암반을 인위적으로 처리하지 않고 자연스런 모습으로 도로경관의 일부로 도입하고, 운전자와 차량의 주행성을 고려한 적절한 평면곡선과 종단곡선을 계획하여 선형의 설계일관성과 주행 안전성을 확보하고 있는 도로는 주행자에게 쾌적함과 편안함을 제공하며, 이용자들에게 친근감을 주는 사회간접시설로 인식되고 있다.

특히, 노출암반을 끌어들인 도로경관은 암 절취면에 지나치게 과다한 보호공법을 적용하여 도로이용자에게 심리적 압박감을 발생시키고 오히려 유지관리의 사각지대가 되고 있는 우리나라의 현실에 비추어 공감대 확산을 통해 점진적으로 도입해야 할 분야이다.

도로문화 속에서 경관의 자리잡기

마음을 풍요롭게 하는 '길'

'국토의 풍경에는 그 나라 국민의 바탕과 지성이 담겨있다'는 말이 있다. 아름다운 국토풍경을 만들어야 하는 이유는 아름다운 나라에서 훌륭한 인재가 배출되고 미래의 꿈을 펼치게 되기 때문이다.

혹독한 자연여건에서 살아가고 있는 북유럽 사람들은 '인간과 자연의 공존'을 강조하여 자연유산과 문화유산에 대한 깊은 존경심을 가지고 자연 속 무한한 공간을 마음 속 공간으로 담아내며, 자연 속에서 훈련된 마음의 눈으로 사물을 바라보고 그것을 생활 속 디자인으로 표현하고 있다.

우리나라의 도로는 목적지에 빨리 닿게 하는 '달리기만 하는 도로'가 사람들의 입에 오르내리게 되며, 자신이 달려온 도로주변에 자리 잡고 있는 자연환경, 인문·사회 환경과 아름다운 경관을 느끼고 감상할 수 있는 마음의 여유를 갖지 못하고 확장된 국도38호선을 빠르게 달려 '정선 카지노에 가서 밤새워 즐기다 맛있는 먹거리를 실컷 먹고 왔다'는 '결과중심'의 이야기가 회자되는 분위기에서 살아가고 있다.

하지만, 우리는 도로를 달리며 '길'이 지나가는 주변에 숨 쉬고 있는 역사와 문화, 전통의 흔적들과 자연이 어떠한 모습으로 다가올 것인지, 약간의 설레임을 가져본 적은 있는지 묻고 싶다.

굽이굽이 도는 계곡과 하천을 따라 '길'을 달리며, 자연의 경이로움에 감탄하였던 1970년대, 1980년대의 정취는 으슴푸레한 추억 속에서만 찾을 수 있게 된 현실이 우리가 누리는 물질적인 풍요로움과는 다르게 마음의 풍요로움을 잃어버린 것 같아 안타까운 마음이 가득하다.

▌소양호를 따라 이어지는 아름다운 곡선도로

자연과 삶, 역사와 문화가 녹아 있는 '길'

이상적인 도로는 도로의 이동성과 공간기능이 적절히 확보되면서 주변 자연환경과 조화를 이루고, 이용자의 편의가 보장되며 역사와 문화가 연계되어 노선별, 지역별 테마가 구현된 도로이다. 따라서 도로주변에 산재하고 있는 지역 특유의 역사, 문화, 전통, 자연자원 요소를 발굴하고 공간별 테마를 설정하여 머물 수 있는 공간을 수변과 산악지역, 전원지역에 조성하여 우수한 경관이미지와 지역이미지를 반영한 아름답고 새로운 도로가 '테마도로'이다.

테마도로는 차량을 이용하는 달리는 길 road과 도보로 답사하는 걷는 길 trail로 구분된다. '걷는 길'은 자연환경의 훼손을 최소화하는 자연과 인간의 공존, 지역사회와의 소통을 기본으로 하여 '길'의 가치와 의미, 주제를 반영하고 실현하는 '걷고 싶은 길'을 조성하여, 이용하는 사람들이 주변의 자연과 경관을 통해서 사람과 자연이 함께 살아가는 방법을 배우고 지역문화를 체험하며, '길' 위에서 소통이 일어나도록 해야 한다.

'달리는 길' 역시 장소성, 역사성, 경관성 등을 반영하여 조성해야 '길' 위에서의 소통이 원활하게 이루어질 수 있으며, 우리 조상들의 흔적과 기층정서와 뿌리를 같이 하는 일반국도는 우리의 삶과 정서, 역사, 문화가 물리적, 정신적으로 어우러져 녹아 있으므로 도로를 설계하는 기술자들은 자연 속에 새로운 문화가치를 창조한다는 의식을 가져야 한다.

인간과 자연이 공존하는 테마도로를 조성하기 위해서는 대상도로의 각 구간에 대한 분석을 통해 대상지에 대한 테마의 유형별 경관도출을 통해 기본방향을 설정하고, 산악지역 산지형 테마도로의 경우에는 산지경관, 구릉지경관, 계곡경관, 산림휴양경관 등으로 세분화하여 각각의 특성에 맞는 경관이 주제별로 연출되도록 하여야 한다. 산지형 테마도로에 적용할 수 있는 '계곡경관'의 경우에는 전망형과 근경형으로 구분하며, 자연환경과 조화되는 테마요소와 도로개설로 단절된 생태계 연결을 위한 생태요소를 도입하여 계곡이 내려다보이고 산을 바라볼 수 있는 조망점에서 자연으로 접근할 수 있으며, 통과하는 도로의 테마를 도로이용자가 자연스레 느낄 수 있도록 조성하는 것이 원칙이다.

▎진부령 길의 정차형 쉼터   ▎지리산 둘레길

■ 테마도로 기본구상 Flow

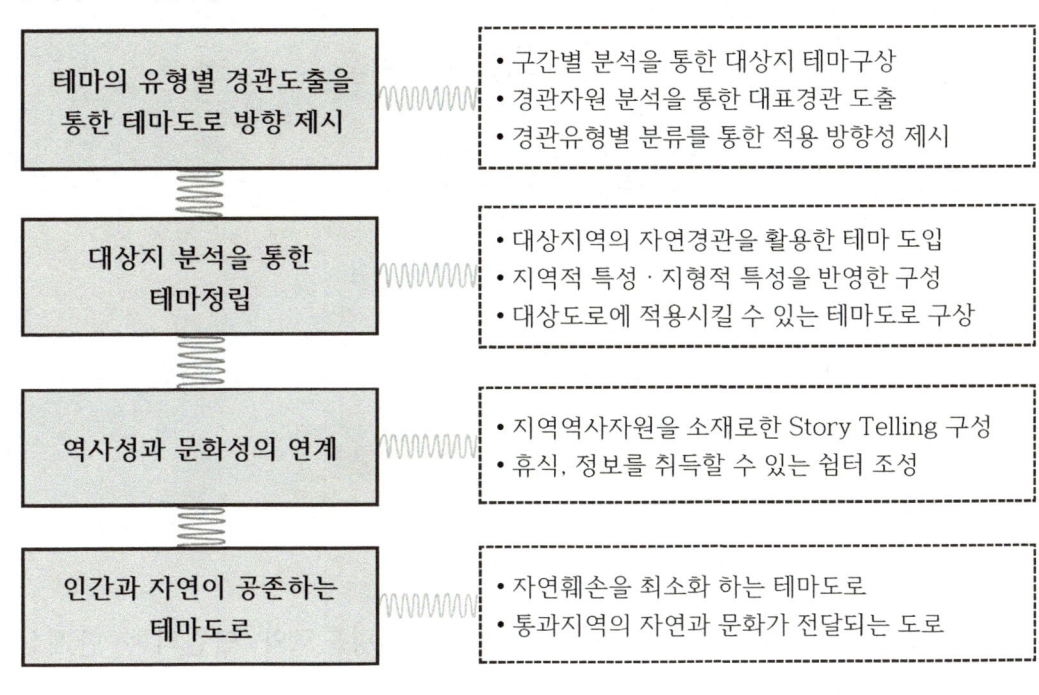

■ 테마도로의 기본구상

진입계단
계곡으로 진입할 수 있는
진입로 조성

원경
태백산맥, 설악산

휴게쉼터
계곡이 내려다보이고 산이
조망되는 조망점에 입지

▣ 하천, 계곡, 계류를 테마로 한 도로의 쉼터조성 사례

　국도46호선 '진부령 가는 길'의 경우에는 한계령도로와 연결되는 한계삼거리에서 용대리를 거쳐 진부령으로 가는 길이므로 '산천초목山川草木'의 자연테마를 도입하여 강원도 지역의 아름다움을 보고 느낄 수 있도록 조성하며 특히, 진부령과 연결되는 백두대간과 설악산국립공원이 조화를 이루고 있는 산악형 경관은 '산천초목' 테마의 '산'을 대표하고 있으므로 이 구간은 강원도 지역 특유의 산천초목의 사계를 보고 느끼고 즐길 수 있는 도로를 조성하는 관점에서 테마를 구상하도록 한다.

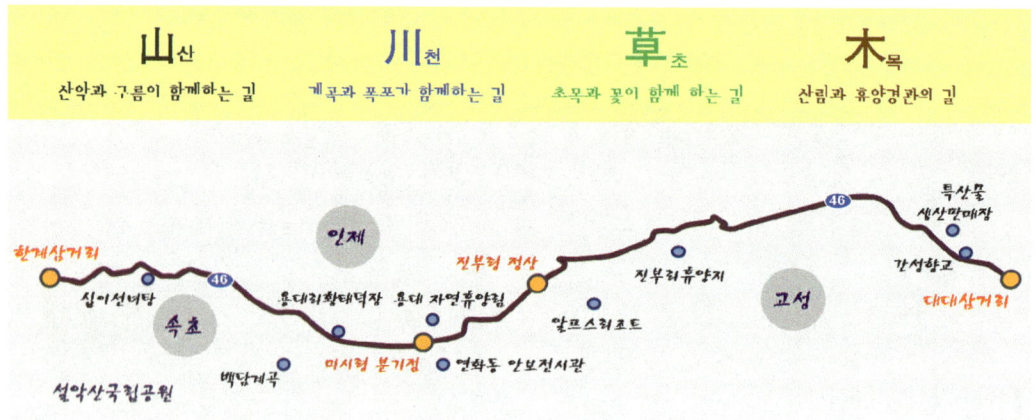

▣ 국도46호선, 진부령 길 테마 구상-'산천초목'

경관도로 속에 깃든 도로문화

최근 '삶의 질' 향상에 따른 급격한 인식변화에 따라 국토기반시설의 품격을 확보하고 문화선진국으로 도약하기 위한 문화적 관점의 사회간접시설에 대한 관심이 높아지고 있으며, 주 5일 근무제와 웰빙 열풍으로 도로이용에 대한 패러다임도 변화하고 있다.

도로의 건설과 투자는 그동안 경제성장 위주의 정책에 따라 도로의 양적 확장에 치중하여 도로환경 측면에서 열악한 수준에 머물고 있는 실정으로, 이제는 이러한 환경을 벗어나 도로가 단순히 이동통로가 아닌 생활공간, 체험공간, 휴식공간, 조망공간, 문화공간으로 다양한 변신이 필요하다.

이제 우리나라도 21세기에 이르러 삶의 질 향상과 더불어 쾌적한 자연환경에 대한 요구와 도로경관에 대한 인식이 확대됨에 따라 가치 있는 경관자원을 보전하기 위한 필요성이 점차 확산되고 있으며, 고속도로를 비롯하여

▎국도46호선, 진부령 길

▌녹지경관과 수변경관

일반국도와 지방도, 시·군도 등이 연계되어 역사문화 유적지나 관광휴양지 등에 이르는 도로를 그 특성에 맞는 경관도로와 관광도로로 조성하고 이를 홍보하여 도로가 국민에게 친근한 사회간접시설의 하나로 인식되고 사랑받을 수 있도록 도로환경을 조성해야 한다.

선진 외국의 경우 이미 오래 전부터 경관도로에 대한 관심을 가지고 도로의 미적수준을 향상시킬 수 있는 다양한 방안을 추진하여 왔으며, 미국 연방도로청(FHWA)의 National Scenic Byways Program은 도로의 보전뿐만 아니라 그 지역 도로경관의 이미지를 부각시키면서 운전자에게 다채로운 서비스를 제공하고 있으며, 일본에서도 2007년부터 '풍경가도사업'을 단계적으로 추진하여 전국의 아름다운 풍경을 확대하면서 지역 커뮤니티의 재생

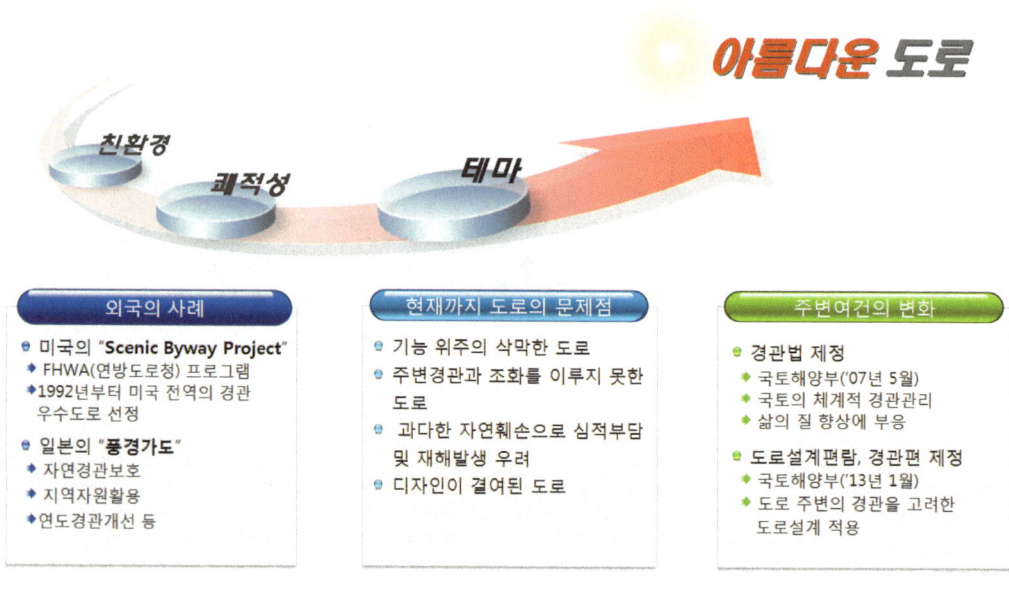

▌경관도로 조성의 필요성

을 시도하고 경관, 자연, 역사, 문화 등 지역의 자원과 개성을 살려 다양하고 수준 높은 풍경을 구축하고 있다.

우리나라에서는 「환경친화적인 도로건설요령」(건설교통부, 1998)에서 도로건설 시, 자연환경과 조화되면서 환경훼손을 최소화할 수 있는 방안을 제시한 이후, 2000년대에 들어와서 「경관도로조성 기본계획」(국토해양부, 2007)이 수립되었으며 「스마트하이웨이 디자인기술개발」(건교부, 2009), 「도로경관디자인 기술개발」(국토해양부, 2011) 등 연구개발사업의 수행, 「경관도로 정비사업 업무편람」(국토해양부, 2011), 「도로설계편람 경관편」(국토해양부, 2013)이 제정되는 등 도입단계에 있어, 선진 외국의 실적에 비해 아직은 일천한 실정이다.

국토해양부에서는 「경관도로조성 기본계획수립연구」(2007.12)에 즈음하여 종래의 이동통로 개념에 머물던 도로를 패러다임의 변화에 맞추어 도로의 '공간개념'을 바꾸어야 할 필요성을 제시하고 있으며, 이것은 미국의 Scenic Byway와 일본의 풍경가도 등 선진국에서 시행되고 있는 경관도로에 대한 제도적, 기술적 정비가 우리나라에도 적용할 시기가 도래하였음을 시사하고 있다.

'경관도로'는 도로를 구성하는 다양한 요소인 도로요소, 연도요소, 원경요소 등이 조화되어 도로 주변의 자연적, 인공적 요소를 관망하고 즐길 수 있는 쾌적한 환경을 가진 도로를 말하며, 경관도로를 조성하여 도로이용자에게 운전 중 좋은 경관을 제공하고, 전망이 좋은 곳에서는 잠시 휴식을 취하면서 주변경치를 감상할 수 있도록 국도와 지방도, 시·군도 등이 연계되어 자연경관지역 뿐만 아니라 역사·문화 유적지나 관광·휴양지 등에 이르는 그 특성에 맞는 '역사와 문화, 경관이 있는 도로'를 만들어 이를 널리 홍보하여, 국민들에게 친근한 사회간접시설의 하나로 인식되고 사랑받을 수 있도록 하고, 역사와 문화가 공존하는 스토리가 있는 공간, 힐링의 공간으로 국민들이 가까이 찾고 싶은 공간으로 거듭나야 한다.

▪ 국도35호선 범바위 쉼터와 낙동강 상류의 빼어난 경관

경북 안동지역에서 발굴된 '묘'에서 나온 300여 년 전, 조선시대 중기 부부간 사모의 마음을 담은 편지의 사연이 배어 있는, 안동댐 하류에 가설되어 있는 「월영교」는 주변의 뛰어난 풍광과 직선교량이 아닌 '사선-직선-사선' 형태의 선형, 교량 가운데 팔각정, 좌우지점의 강 쪽으로 내민 전망 공간 등 Story Telling, 교량의 아름다움과 기능이 적절히 조화를 이루어 많은 사람들이 찾아오는 스토리가 있는 공간, 힐링공간, 머무는 공간으로 자리 잡고 있으며, 성리학의 대가 퇴계선생이 「도산서원~토계리~가송리~청량산」으로 걸으며 사색하고 지인들과 만나 대화를 나누었던 사색과 교류, 수양을 상징하는 '퇴계가 걷던 길'과 연계되어 문화와 역사, 경관이 어우러지는 거점이 되고 있다.

▪ 스토리가 있는 공간, 월영교

전남 영광지역 바닷가 산자락으로 개설되어 있는 백수해안도로는 남북으로 길게 뻗은 산줄기가 서해바다를 향해 내달리며 해안의 풍경과 함께 경관이 펼쳐지는 곳으로 해안절벽 사이로 솟아있는 멋진 바위들이 역동적인 해안풍경의 변화를 연출하며 해질 무렵 바다를 붉게 물들이는 서해낙조가 지친 마음을 신선하게 치유하는 힐링의 공간으로 자리 잡고 있다. 하지만 펜

션, 위락시설, 판매시설이 주변을 무질서하게 채워가고 있어 보존과 개발의 적정한 접점을 찾는 지혜가 필요한 실정이다.

힐링의 공간, 백수해안도로

도로이용자가 운전 중 뛰어난 경관을 감상하고 전망이 좋은 곳에서는 잠시 휴식을 취하면서 몸과 마음에 활력을 불어넣고, 주변 경치와 지역을 느끼면서 상쾌한 마음으로 도로를 달릴 수 있다면 도로는 국민에게 가까이 다가가는 친근한 존재로 자리 잡을 수 있을 것이다.

이러한 관점에서 2006년에 건교부에서 수행한 '한국의 아름다운 길 100선'은 각 지역에서 '길'에 아름다움을 함양시켜 지역의 소중한 자산으로 새

경관도로정비사업 시범구간 : 경기도 남양주시, 국도45호선

▌석양을 머금고 있는 메타세쿼이아 가로수 길 (김성혜 작, 캔버스에 유화)

로운 아이콘으로 자리매김을 하고 있다.

이러한 경관도로는 도로의 개성과 지역성을 표현하며, 지역경관의 보호와 주변과의 조화, 지역특성을 고려한 새로운 경관의 창조, 역사와 문화를 느끼게 하는 도로, 계절의 변화를 느낄 수 있는 도로 등으로 규정되며, '경관도로'의 조성을 통해 자연경관의 아름다움과 자연보호의 중요성을 동시에 알리며 도로를 매개체로 관광지와 관광지를 유기적으로 연결하여 지역의 관광사업 활성화에 기여할 수 있으며, 이러한 관광 인프라의 구축으로 지역경제 활성화에도 기여할 수 있다.

기존도로에 식재하였던 수목이 시간이 흐름에 따라 새로운 경관을 형성하여 독특한 녹지경관을 갖춘 경관도로로 각광받고 있는 전남 담양의 메타세쿼이아 가로수 길은 시간의 흐름이 가져다 준 경관변화의 대표적 사례이다. '편백나무 힐링의 숲'으로 유명한 장성에 인접한 메타세쿼이아 가로수 길은 사시사철 다양한 풍광으로 변신하여 장관을 연출하는 우리나라에서 손꼽히는 아름다운 가로수 길 가운데 하나이다. 1970년 초반부터 식재를 시작했던 이 길은 1990년대 후반 국도 4차로 확장사업으로 잘려나갈 위기에 처했으나 환경단체와 지역주민들의 노력으로 원형이 보존되어 대나무 숲과 더불어 담양을 상징하는 존재로 자리 잡고 있다.

이제는 한적한 산책로로 탈바꿈해서 지역주민들의 운동장소로 인기를 얻으며 여행객들을 불러 모으는 곳이 되고 있으며, 40여 년 수령을 자랑하는 가로수 밑에 서면 사람들조차 나뭇가지가 되고 나뭇잎이 되는 묘한 기분에 젖으며 굵직굵직한 나무의 기둥과 가지가 규칙적으로 도열해 있는 모습은 기하학적 공간구성의 아름다움을 느끼게 한다.

선진국의 친환경·경관도로

핀란드 E18 Green Highway Project

최근에 방문하였던 핀란드에서는 북유럽에서 러시아로 연결되는 E18 고속도로에 대해 「E18 Green Highway Project」를 추진 중에 있다. 이 프로젝트는 기존고속도로 17km구간을 개량하고 노선변경에 의해 36km구간을 신

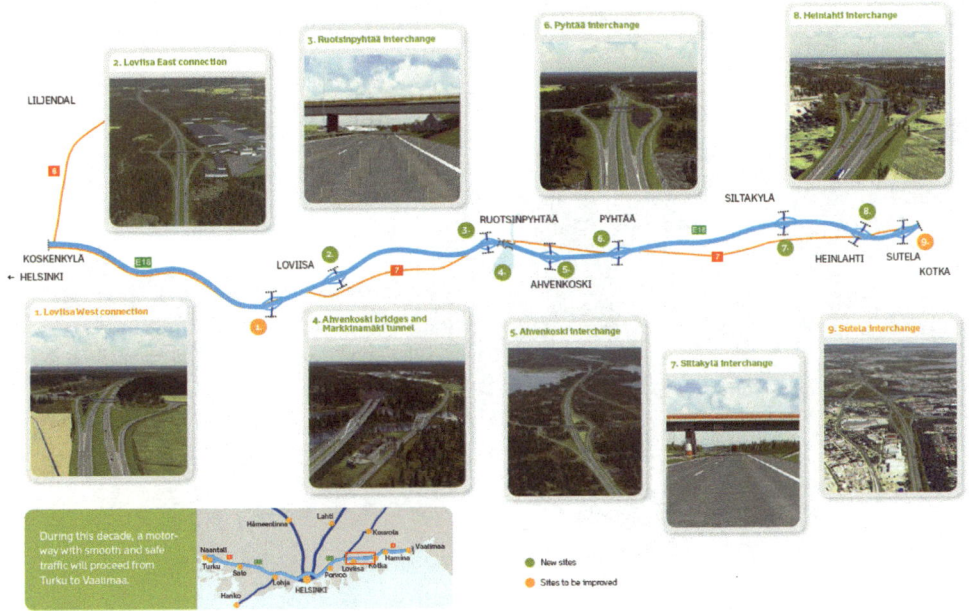

E18 Green Highway Project

설하는 사업으로 생태환경보전을 정책의 최우선으로 추구하는 국가답게 세계 최초로 친환경성이 확보되고 생태적으로 안정된 고속도로 조성사업을 추진하고 있다.

이 프로젝트는 계획단계에서부터 도로건설이 자연환경에 미치는 영향, 도로에서 발생하는 소음의 저감대책, 그 지역에 서식하는 고유종인 사슴 종류 무스 등 포유류에 대한 이동경로의 확보 등 해결책을 면밀히 수립하여 반영하고 있으며, 탄소저감형 도로를 지향하여 종단선형을 구간별로 개량하여 탄소배출을 저감하는 노력을 하고 있다.

▌핀란드의 고속도로와 일반국도

▌노출 암반을 경관으로 도입한 도로와 선형의 설계일관성이 확보된 도로

노르웨이 국립관광도로 *National Tourist Routes*

노르웨이는 아름다운 피오르 협곡과 험준한 산악으로 이루어진 자연경관을 따라 18개의 관광루트를 개발하고 있으며, 각각의 루트에서 도로와 자연, 역사가 만들어 낸 경관을 복합적으로 체험할 수 있다.

국립관광도로 사업은 1994년에 착수하여 2023년 완료예정으로 현재 200여개 프로젝트가 완성되었으며, 도로·건축·예술·통신·관광·마케팅·비즈니스 분야가 참여하여 전형적인 협업형태를 이루고 있다.

■ 노르웨이 국립관광도로

또한, 이 사업은 관광·경제·산업의 발전, 지역경제 활성화, 전원지역 거주여건 제공 등을 도모하고 있으며, 지역연계 관광사업으로 피오르 패스 FJORD PASS를 국립관광도로 주변의 노르웨이 내 120개 호텔과 제휴하여 영국·독일 등과 연계한 국제적인 관광프로그램으로 운영하고 있어 앞으로 우리나라의 경관도로 사업이 추구해야 할 벤치마킹 사례로 꼽힌다.

'작지만 위대한 나라' 노르웨이를 견과류 껍질 속 알맹이로 비유하여 노르웨이의 자연을 제대로 느낄 수 있는 관광프로그램으로 북해 쪽 베르겐에서 철도를 이용하여 계곡과 산과 호수를 버스와 배를 이용하여 송네피오르의 빼어난 풍경을 맛보고 수도인 오슬로까지 기차여행으로 왕복하는 관광프로그램도 매우 인상적이다.

▪ 피오르 패스: 피오르 탐사, 도로여행, 철도여행 등 패키지 프로그램의 활성화

이러한 노르웨이 국립관광도로 가운데 대표적으로 알려진 곳이 대서양쪽 북해의 해안에 개설된 '아틀랜틱 도로 Atlanterhavsvegen'이다. 바닷가를 따라 일곱 개 교량의 아치가 바다의 가장자리에 있는 섬과 바위가 많은 작은 섬 사이의 웅장한 전망을 연출하고 있는 이 도로는 노선의 중심에 있는 교량 Storeisumdbrua(총연장 260m, 중앙경간 130m)이 '너울'을 형상화한 구조물 디자인으로 아틀랜틱 도로에서 절정을 이루고 있다.

이 노선은 달리는 기능에 천착하는 전통적인 도로의 패러다임을 파괴한 컨셉의 도입으로 도로와 바다와 주변자연이 하나가 되는 온몸으로, 오감으로 느끼는 '환상적인 체험공간'으로 자리 잡고 있다.

▌ 환상적인 체험공간, 아틀랜틱 도로

네덜란드의 친환경·경관도로

 국토의 25%이상이 해수면 이하이며, 국토에서 제일 높은 산이 해발 400m를 넘지 않는 네덜란드는 통과하는 도로공간이 주변지역 녹지와 도로변 녹지가 연결되도록 그린네트워크 컨셉을 철저하게 적용하고 있으며, 길어깨 쪽으로 철저한 식재로 도로공간을 녹지공간으로 조성하여 마치 숲 속을 달리는 느낌을 줄 정도이다.

 일반국도 구간에는 큰 나무와 수풀을 오가는 곤충, 파충류, 양서류 등을

▌ 친환경성이 확보된 고속도로

도로문화 속에서 경관의 자리잡기 **253**

배려한 생태연결로, 도로변 여유부지를 활용한 생태습지, 주변 식생과 조화되는 수종의 식재 등 시간의 경과에 따라 자연이 가깝게 다가오는 것을 느낄 수 있다.

미국의 Scenic Highways & Byways

미국은 1992년 이래, FHWA(Federal Highway Administration, 미연방도로청)의 National Scenic Byways Program으로 미국 전역에서 경관이 뛰어난 도로를 선정하여 그 지역을 '도로경관'으로 이미지를 부각시키는 사업을 지속하여 추진하고 있다.

▌미국의 Scenic Byway 분포도

미국 서부지역 태평양을 따라 달리는 캘리포니아주의 1번 해안도로는 깎아지른 절벽과 바다가 어우러져 천하의 절경을 만들어 내는 세계적으로 유명한 아름다운 해안도로로 군데군데의 Vista Point와 정차형 쉼터가 적절히 설치되어 편안하게 멈춰서 풍경을 감상할 수 있다.

특히, 샌프란시스코에서 금문교 Golden Gate Bridge를 지나 북쪽으로 이어지는 해안도로에는 드라이브를 즐기며 해안의 절경을 감상할 수 있도록 배

┃California SCENIC HWY　　　　　┃BIG SUR의 BIXBY BRIDGE

┃해안선 주변의 탐방안내　　　　　┃Point Arena 주변 해안도로

려하고, 지나간 역사의 흔적을 보존하고 해안지형에 개설된 도로이지만 시설물 설치를 최소화하여 도로의 심리적 Barrier Free를 실현하고 있는 것은 불필요한 시설물들이 홍수를 이루고 있는 한국의 도로에 비해 너무나 대조되는 모습이 인상적이다.

도로경관의 개선방향

지방지역 도로와 도시지역 도로를 포함하여 도로경관 관점에서 분석하였을 때 개선되어야 할 포인트는 크게 두 가지로 요약될 수 있다.

먼저, '인공시설물의 최소화' 관점에서 접근할 때, 도로주변 환경과의 조

■ 누구를 위한 시선유도봉인가? 잠수교 보도 옆   ■ 노면표시와 시설물로 어지러운 교통섬, 과천

화를 고려하지 않고 녹지시설보다는 손쉽게 설치할 수 있는 디자인이 결여된 기능중심의 인공시설물을 집중적으로 도입하여 전반적으로 도로이용자들에게 심리적 압박감을 주는 삭막한 가로환경이 조성되어 있으며, 이면도로와 차량통행이 적은 도로에 설치된 과다한 규격의 시설물이 도로이용자와 지역주민들에게 위압감을 초래하고 있는 점이다.

■ 가로수인가, 조형물인가?   ■ 그린네트워크를 고려하지 않은 보도구간

■ 그린네트워크가 확보된 거리(서초구 잠원동)와 녹음이 형성된 가로(종로구 무교동)

두 번째, '그린네트워크 확보' 관점에서 볼 때, 도시지역 도로에서 가로수의 본래 기능인 '녹음형성기능'을 생각하지 않고 봄철마다 되풀이 되는 지나친 가지치기로 가로수 기능을 상실하고 있으며, 보도 폭이 8m이상 충분히 확보된 구간에서도 복렬식재가 아닌 형식적으로 가로변에만 가로수를 식재하여 삭막한 가로경관을 연출하고 있어 다양한 도로공간 기능의 확보가 요망된다.

최근 일반국도 주변에 설치된 경관쉼터의 경우에도 공급자중심으로 설치하여 국도변 여유부지에 그늘집과 식재를 하였으나 이용객이 멈출 수 있는 주차공간과 화장실 등 편의시설이 설치되지 않아 노상주차로 인한 교통사고 위험과 쉼터의 특성을 고려하지 않은 일률적인 설치로 이용도가 떨어지고 있는 점도 개선되어야 할 부분이며, 전반적으로 볼 때 조망점 선정이 제대로 반영되지 않고, 접근성 저하, 녹지 부족 등 '머무는 공간'으로서 기능을 제대로 발휘하지 못하는 점 등이 드러나고 있다.

▎이용자의 접근성을 고려하지 않은 쉼터와 머무는 공간의 기능이 떨어지는 쉼터

도로문화와 접목한 도로기술의 활성화 방안

우리들이 생활 속에서 이용하고 있으며 주변에 엮여져 있는 도로는 주변에 숨 쉬고 있는 역사·문화·전통의 흔적들과 자연환경, 생활환경, 인문사회

환경이 결집된 실체이므로 도로기술은 기능을 기반으로 하는 정형화된 기술이 아니라 주변환경, 지역여건, 경관, 지역문화, 삶 등을 종합적으로 아우르는 창의적인 융합기술이므로 종래의 실행중심 인식에서 벗어나 한 단계 진보된 창의적 도로기술로 활성화를 모색해야 한다.

먼저, 기존도로에 접목할 수 있는 도로문화와 관련한 '도로정비기술'은 다음과 같은 분야를 제안할 수 있다.

- 테마가 있는 도로를 조성하는 기술
- 도로주변의 명승지, 경관시설물, 경관우수지역, 쇼핑몰 등으로 접근성을 높일 수 있는 도로기술
- 달리는 도로에서, 보고 머무르고 느낄 수 있는 도로로 전환시키는 경관도로 디자인
- 도로주변의 불량한 경관, 위험한 도로안전 환경 등을 정비하여 편안한 도로를 제공하는 스마트도로기술

두 번째, 신설도로에 접목할 수 있는 '융합도로기술'은 다음과 같다.

- 도로전문가, 경관전문가, 조경가, 건축가, 교통전문가, 디자이너 등이 협업하는 융합기술
- 문화, 경관, 환경, 디자인 등이 어우러진 도로경관디자인
- 인공적인 도로조형을 자연과 조화시키는 친환경·생태도로 조성 기술

그 외 경관쉼터, 경관구조물, 도시지역의 경관가로와 교통정온화 등을 정립하고 도로기술의 영역을 확대하고 활성화를 도모해야 한다.

마지막으로 그동안 소홀했던 도로선형의 설계일관성 정립, 다양한 설계요소를 접목시킨 설계프로세스의 개발, 경관가치의 정성화와 정량화, 도로경관디자인 시스템의 단계별 상세프로세스 정립 등에도 구체적인 연구개발 로드맵을 수립하고 뜻있는 도로전문가들이 연구회 등을 통해 열정을 모아야 환경, 경관, 디자인, 역사, 문화, 인문학 등과 접목한 종합적이고 융합된 분야의 도로기술이 활성화되고 정착될 것이다.

글을 마무리 하며

경관이 아름다운 길은 도로의 기능뿐만 아니라 주변 환경과 조화를 이루고 심미적 가치를 높이는 개념의 도로이므로 이제 도로는 '토목시설물의 생산'에서 '도로문화의 창출'로 패러다임의 전환점에 서있다.

이러한 관점에서 그동안 1차적 관점이던 기능성, 안전성, 경제성 일변도에서 탈피하여 한 차원 높은 경관, 환경, 심리, 디자인, 인간공학적 측면과 아름다운 국토풍경을 창출하는 관점에서 접근하여야 한다.

우리 조상들의 흔적과 삶, 정서, 역사, 문화, 자연이 어우러져 있는 자연적인 국토풍경에 문명을 대지 위에 조형화 하고 그것을 계기로 아름다운 풍경을 형성하고 의도하는 '형이상학적이고 철학적인 명제'에 대해 도로전문가들은 어떠한 사명감과 의무감을 가져야 할 것인지 진지하게 고민하여야 한다.

도로전문가는 다양한 전제와 조건을 조화시켜 문제의 해답을 찾아야 하며, 사회의 기반시설을 만드는 주역이라는 자부심을 가지고 단순히 기능적인 목적물을 쉽게 만들어 내는 것이 아닌, 새로운 '문화가치를 창조하는 의무를 지닌 사람'이라는 사명감을 갖고 이러한 인식을 확산시키는 주역이 되어야 할 것이다.

- 2013. 9. -

길 위에서 삶을 생각한다

우리는 모두 길 위에 서 있습니다.

여러분의 길이 그러하고 나의 길이 그러하듯이, 저자의 길 역시 우리 모두가 궁극적으로 걸어 가야할, 걸어내야만 할 길이 되어 우리의 발밑에, 우리 앞에 아스라이 펼쳐있는 것이지요. 그동안 여러 권 저자의 저서 중에서 오늘 특히 저에게 와 닿는 이 책은 바로 나의 이야기가 각 페이지마다 녹아 있다는 것입니다.

그동안 "길 전문가"로서 우리나라의 길을 다듬어 오면서 평소에 늘 하고 싶던 그러나 용기가 없어서 시간이 없어서 혹은 다른 여러 가지 핑계로 몸으로 옮기지 못했던 일들을 저자는 행동으로 옮겼습니다. 그 귀중한 체험을 우리 모두에게 나누어 주면서 진정으로 우리가 추구해야 할 "길"이 어떻게 만들어져야 할지 그 방향을 제시하고 있습니다.

그렇습니다. 이제 우리 모두는 숨차게 달려온 나만의 "길"을 돌아보면서, 그 길이 단순히 이동이나 통행을 위한 길이 아닌, 너와 내가 함께 어우러질 수 있는 삶의 광장으로 거듭나야 할 당위성을 함께 생각해야 할 때입니다. 우리는 서양과 달리 사람을 인간人間이라 나타냈습니다. 단순히 人, 한 글자만 사용하지 않고 間이란 말을 덧붙인 것입니다. 사람은 개체로서 자연인 보다 서로의 관계 속에서 스스로를 발견하고, 가치를 찾으며 삶의 진정한 의미를 표현할 수 있다는 뜻이겠지요. 결국 우리 인간이 인간으로서 제대로 된 삶을 살기 위해서는 "관계"를 생각하지 않을 수 없고 결국 그 관계는 길을 통해서, 길 위에서 나타나고 이루어지고 열매를 맺는다는 것이지요.

이 책에서 저자는 우리나라 주요 국도와 외국 여러 나라의 길들을 걷고 달리며, 그 길들의 역사적 자취를 찾고 문화의 흔적과 잔영들을 때로는 안타까움으로, 때로는 감동으로 해박한 역사, 문화, 지리적인 지식과 지혜를 가지고 논하고 있습니다.

지난 40여 년 동안 저자와 교류해온 느낌으로 말씀 드리건 데, 이 책을 쓴 저자는 "길"을 잘못 선택한 "길 전문가"입니다. 공학박사로서, 도로 및 공항 기술사로서 또한 교통기술사로서 그는 우리나라 도로관련 엔지니어링 업계와 학계를 선도하고 있습니다. 그러면서 그는 역사, 문화, 인문, 지리 등 많은 분야에 걸쳐서 제대로 된 실력을 보여주고 있습니다. 제 소견으로는 공학자가 되지 말고, 차라리 인문학자가 되어서 우리의 삶을 다른 방향으로 풍요롭게 해주는 것이 우리 모두에게 더 유익한 것이 아니었을까 하는 것입니다.

분주한 삶 속에서 우리가 놓쳐버린 것들, 오로지 앞을 보며 달려가기만 하는 우리에게 잠깐 멈추라고, 잠시만 달려감을 멈추고 눈을 들어 가까운데서 얼굴을 내밀고 있는 들꽃에 눈 한 번 맞춰 주라고 그리고 우리 역사의 어느 날, 그 곳에서 있었던 우리 선조들의 애환과 영광을 한 번만 반추해 달라고 저자는 말하고 있습니다.

"길" 위에서 저자는 우리에게 하고 싶은 말이 많습니다. 사람을 더욱 사람답게, 풍요로움을 넘어서 안정과 쉼을 추구하는 심미의 세계를 느껴보라고 얘기하고 있습니다. 이제 우리는 저자의 목소리에 귀를 기울일 때가 되었습니다. 당신의 삶을 잠깐 멈추고, 큰 호흡 한번 하면서 우리 발밑에서, 아니 우리의 나아가는 저 지향점을 향해서 살아있는 "길"이 이야기하는 내밀한 속삭임을 들을 때가 된 것입니다.

길과 역사, 길과 문화, 길과 인문학을 추구해온 저자의 끊임없는 노력에 깊은 존경을 보냅니다.

옛사람의 말에 "천리마 상유, 백락 불상유 千里馬 常有, 白樂 不常有"가 있습니다. 우리 주변에 천리마는 늘 있습니다. 그러나 진정으로 천리마를 알아보고, 그 말이 천리마임을 확인해주는 백락이 거기에 없을 뿐입니다. 오늘 저는 감히 손 원표 孫 元杓라는 우리시대의 천리마를 알아본 백락이 되고자 합니다.

2021년 늦은 봄 저자의 길을 함께 걷고 싶은 이학모 李學模

손원표 孫元杓

공학박사
기술사(도로, 교통)

성균관대학교에서 토목공학을 공부하고 인천대학교 대학원에서 도로공학을 전공하였다. 대학 졸업 후, 대한민국공군 시설장교로 복무하였으며 이후 길을 생각하고 사랑하는 사람이 되어 '**길 전문가**'의 길을 걷고 있다.

1990년대 중반부터 선진 여러 나라에서 적용하고 있던 경관설계에 관심을 갖고 공감대 확산에 힘을 기울여 왔으며, 2000년대 들어 새로운 패러다임으로 떠오르고 있는 **친환경도로, 경관도로, 인간중심도로**의 정착을 위해 노력하고 있다.

저서로는 「아름답고 새로운 **도로공학원론**」, 「경관·환경·디자인 **도로경관계획론**」, 「문집 **돌아오는 날**」, 「자연과 역사, 문화가 깃들어 있는 **길**」, 「보차공존도로」 등이 있다.

- 전/동부엔지니어링(주) 기술연구소장
- (사)한국도로학회 도로문화위원장
- **길 문화연구원 원장**(현)
- wpshon54@naver.com

지속가능한 길
그 속에 깃든 모습들

인쇄일 : 2023년 6월 26일
발행일 : 2023년 6월 30일

저　　자 | 손원표
펴 낸 곳 | 도서출판 반석기술
펴 낸 이 | 황희재

주　　소 | 서울시 영등포구 신풍로 77길
전　　화 | 02-831-1224
팩　　스 | 02-831-1226

ISBN　978-89-92312-48-6 (93530)

ⓒ 2023, 손원표

- 파손 및 잘못 만들어진 책은 교환해 드립니다.
- 이 책의 독창적인 내용에 대한 무단전재 및 모방은 법으로 금지되어 있습니다.